现代艺术设计类"十二五"精品规划教材

印刷与版式设计

主　编　耿晓蕾　李　凯

副主编　王　南　王秀竹　焦　波　孟祥瑞

U0353586

中国水利水电出版社
www.waterpub.com.cn

内 容 提 要

本书是一本理性分析与感性审美综合的艺术教材，它是印刷出版物版面设计的点睛之笔。全书共分8章，前两章重点介绍平面设计所涉及的印刷知识，包括印刷分类、印刷工艺、印前工艺及印后加工等知识，为做好版式设计打下坚实的基础。从第3章至第8章由浅入深地介绍版式设计的基本概念、版式设计的基本原理、版式的构成要素、视觉流程和版式的不同设计形式，以及版式设计中图片、文字和色彩的运用等，每章节后都结合本章内容选择优秀案例进行分析，并选择2～3套经典作品进行点评，对每个知识点进行细致讲解和扩展分析，将理论性、知识性和实用性充分融合在一起，使版式效果清晰明确，具有很强的说服力。第7章为综合案例分析，精选多个不同领域的优秀案例进行版式设计分析，将版式设计理论全方面地传授给读者，帮助读者更加快速有效地将版式编排技巧与实际应用紧密联系起来，从而掌握版式设计在实际操作中的应用技巧。

本书对提高读者的审美眼光，帮助读者掌握版式设计的实际应用法则，对所有想要进入版式编排领域但经验略显不足的人群都有很大帮助，同时也可作为艺术设计类相关专业的教材和各类艺术设计人员的参考教材和自学参考书。

图书在版编目（CIP）数据

印刷与版式设计 / 耿晓蕾，李凯主编. -- 北京：
中国水利水电出版社，2014.9
现代艺术设计类"十二五"精品规划教材
ISBN 978-7-5170-2406-4

Ⅰ．①印… Ⅱ．①耿… ②李… Ⅲ．①印刷－工艺设计－高等学校－教材②版式－设计－高等学校－教材
Ⅳ．①TS801.4②TS881

中国版本图书馆CIP数据核字(2014)第199685号

策划编辑：石永峰　责任编辑：陈　洁　加工编辑：谌艳艳　封面设计：李　佳

书　　名	现代艺术设计类"十二五"精品规划教材 印刷与版式设计
作　　者	主　编　耿晓蕾　李　凯 副主编　王　南　王秀竹　焦　波　孟祥瑞
出版发行	中国水利水电出版社 （北京市海淀区玉渊潭南路1号D座 100038） 网　址：www.waterpub.com.cn E-mail：mchannel@263.net（万水） 　　　　sales@waterpub.com.cn 电　话：(010) 68367658（发行部）、82562819（万水）
经　　售	北京科水图书销售中心（零售） 电　话：(010) 88383994、63202643、68545874 全国各地新华书店和相关出版物销售网点
排　　版	北京万水电子信息有限公司
印　　刷	联城印刷（北京）有限公司
规　　格	210mm×285mm　16开本　13.25印张　346千字
版　　次	2014年9月第1版　2014年9月第1次印刷
印　　数	0001—3000册
定　　价	48.00元

前言

　　本书介绍了平面设计中应掌握的印刷基本知识与相关理论，重点讲述了版式设计的概念、原理、表现技法、设计流程等相关知识。前两章通过印刷知识的学习，可以使学生在设计过程中避免一些不必要的错误，为设计作品后期的制作印刷打下坚实基础。

　　本书根据高校艺术设计教学需求的特点编写，充分考虑到高校印刷与版式设计教学的实际情况，为使学生对印刷与版式设计的理论知识深入理解，在每一章节的每一个知识点下面都配有具有代表性的优秀的印刷和版式设计作品。更重要的是，通过对印刷与版式设计的案例进行分析，优秀的作品进行点评能够挖掘学生的逻辑思维能力、想象能力、洞察能力和创造能力，并培养学生多元化的思维方式。在每章节后还布置适当的课后实训，巩固深化所学内容，力求深入浅出地把理论与实践结合起来，注重在掌握规律的基础上，通过实例分析、作品点评及课后实训引导学生灵活运用所学知识进行创意版式设计。

　　本书由多名在高校从事艺术设计教学工作的一线教师与实践经验丰富的设计师共同合作编写。全书共分为8章，由耿晓蕾整体策划及统稿完成，耿晓蕾、李凯担任主编，王南、王秀竹、焦波、孟祥瑞担任副主编。具体分工为：第1章、第5章5.1、5.2、5.3、5.4、5.5、5.6节由焦波编写，第2章、第6章由王南编写，第3章及第7章7.1、7.2节由耿晓蕾编写，第4章及第7章7.3、7.4、7.5、7.6节由李凯编写，第5章5.7、5.8、5.9、5.10及第7章7.7、7.8、7.9、7.10、7.11、7.12、7.13节由葛镜编写，第8章由孟祥瑞编写，王荣国、郭贺平、杨婷婷、杨林蛟、尹淑杰、成义也参与了部分编写。

　　在此向为本书提供优秀作品的创作者和拥有者表示衷心感谢。

　　本书在编写过程中难免出现错误与疏漏，为使本书更加完美和专业，我们衷心希望接触到本书的教师与学生、设计工作者、专家与学者给予批评指正，以便今后修订完善。

编　者

2014年6月

目录

1

印刷概述

第1章 印刷概述

印刷是一种利用一定的压力，使印版上的油墨或其他粘附性色料向承印物转印的技术。印刷是对原稿图文信息复制的技术，与其他复制技术相比，除具有准确、迅速等相同点外，最大的不同点是：复制的数量大、经济、承印物种类多，成品广泛流传并能永久保存。

1.1 印刷的分类

1.1.1 按媒质转移到承印物上的方式分类

印刷按媒质转移到承印物上的方式分为模拟印刷和数字印刷。

1. 模拟印刷

即指传统印刷，是利用有形的图形载体（如印版和胶片）将媒质（如油墨）转移到承印物上的复制技术。

根据印版的版面结构（图文部分和空白部分的相对位置、高度差别或传递油墨的方式）又可分为凸版印刷、平版印刷、凹版印刷和滤过版印刷。

（1）凸版印刷。

凡是印刷的图文高于空白的部分，并在图文周围涂布油墨，通过压力的作用使图文印迹复制到印刷物表面的印刷方法，称为凸版印刷，如图1-1所示。

（2）平版印刷（胶版印刷）。

现在习惯上把胶版印刷也称做平版印刷，是指印版的图文和空白部分在同一个平面，通过油水分离的原理让图文最终转移到印刷物表面，如图1-2所示。

（3）凹版印刷。

凹版印刷和凸版印刷刚好相反，图文部分凹入，而空白部分仍然保持原来的平面。图文部分接受油墨层，经过印刷滚筒的压力作用，将油墨层转移到印刷物的表面，复制印刷品，如图1-3所示。

（4）滤过版印刷。

丝网印刷（又称孔版印刷）是滤过版印刷的典型。油墨从织物的网孔（图文）渗过，在承印物表面复制成图文，如图1-4和图1-5所示为滤过版印刷示意图，如图1-6所示为丝网印刷海报的制作过程。

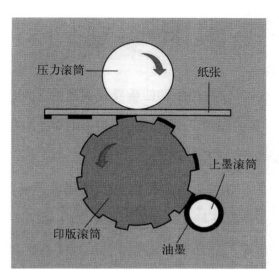

图 1-1　凸版印刷示意图

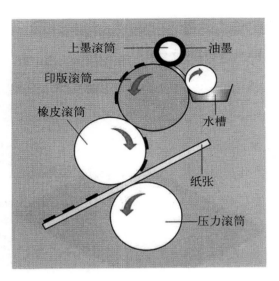

图 1-2　平版印刷示意图

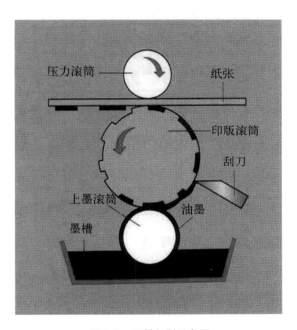

图 1-3　凹版印刷示意图

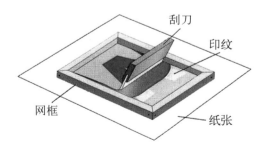

图 1-4　滤过版印刷示意图（一）

图 1-5　滤过版印刷示意图（二）

图 1-6　丝网印刷海报的制作过程

以上四种方法称做四大印刷方法。

2．数字印刷

数字印刷是指使用数据文件将媒质转移到承印物上的复制技术。

1.1.2　按印刷程序分类

印刷按生产程序分为直接印刷和间接印刷。

直接印刷是版面印墨与被印刷物质接触，印墨转移到被印物上。所有的凸版印刷机（包括橡皮版或塑胶版轮转机在内）和凹版印刷机，以及老式的平版印刷中的手摇石印机，均为直接印刷。

间接印刷是版面印墨需先转印到橡皮滚筒上，再由橡皮滚筒将引墨移到承印物上。

直接印刷版，印纹为反像；间接印刷版，印纹为正像。

1.1.3　按印刷原理分类

按印版上有印纹部分与无印纹部分在印刷过程中产生印刷品的原理，可分为物理性印刷和化学性印刷两类。

1．物理性印刷

物理性印刷是指印墨在印纹部分堆积承载，没有印纹部分则凹或凸起，与印纹部分高度不同而不能沾着印墨，任其空白。所以印纹部分印墨移转到被印物质上，属于物理机械作用。一般凹版印刷、凸版印刷、孔版印刷、平版印刷等均属物理性印刷（印刷面高于或低于非印刷面），如图 1-7 所示。

图 1-7 物理性印刷

2．化学性印刷

化学性印刷是指印版没有印纹部分（非印刷面）不沾印墨，并非由于该部分低凹凸起，或被遮挡，而是由于化学作用使其产生吸水拒墨的薄膜的原因。印纹部分（印刷面）吸墨拒水，无印纹部分吸水拒墨，水与油脂互相排斥仍是物理现象，但在印刷过程中，要不断使无印纹部分在水槽溶液中补充吸水拒墨的薄膜，需加入酸类和胶类物质，使其源源供应羧基因的粘液酸层，这样才能保持印版非印刷面部分不被油脂侵染，所以为化学性印刷。平版橡皮印刷机的印刷就属于化学性印刷。

1.1.4　按印刷色彩分类

1．单色印刷

凡以一色显示印纹的都属于单色印刷，如图 1-8 和图 1-9 所示。

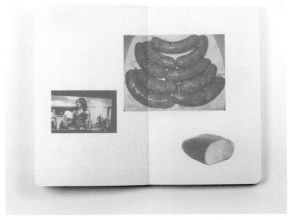

图 1-8 单色印刷杂志内页设计

图 1-9 单色印刷包装设计

2. 多色印刷

多色印刷又分为增色法、套色法及复色法三类。

增色法是在单色图像中的双线范围内，加入另一色彩，使其更加明晰、鲜艳，利于阅读。一般儿童读物的印刷品，多采用这种方法。

套色法是各色独立，互不重叠的，也没有其他色彩做范围边缘线，依次套印在被印刷物质上的方法。一般线条图表、商品包装纸、地形图等印刷品，多采用这种方法。

复色法是依据色光加色混合法，使天然彩色原稿分解为原色分色版，再利用颜料减色混合法，使原色版重印在同一被印物质上。因原色重叠面积的多少不相同，从而得出类似原稿的天然彩色印刷品。所有的彩色印刷品，除少量的用增色法和套色法外，其余的全都是用复色法印刷，如图 1-10 和图 1-11 所示。

图 1-10　复色印刷品（一）

图 1-11　复色印刷品（二）

1.1.5　按印刷版材分类

按印刷版所用的版材不同，可分为木版、石版、锌版（亚铝版）、铝版、铜版、镍版、钢版、玻璃版、石金版、镁版、电镀多层版、纸版、尼龙版、塑胶版、橡皮版等，如图 1-12 所示为金属印刷版。

木版、石版、玻璃版等，因不能弯曲，只能用于平床机印刷。铜版、钢版多用于凹版印刷。其余则用于平版或轮转印刷机。

合金版类有铝、锑、锡合金溶液浇铸的纸型铅版或铸为活字排版。有镁、铝合金米拉可版，及铜、镍合金的蒙尼金属版等。

1.1.6　按被印材料分类

按被印材料的不同，可分为纸张印刷、白铁印刷、塑胶印刷、纺织品印刷、木板印刷、玻璃印刷等。

纸张印刷为印刷品的主流，约占95%，无论凸版、平版、凹版、孔版均可适用，固称普通印刷，如图 1-13 所示为凸版印刷的杂志封面。用纸张以外的被印材料多属特殊印刷。

图 1-12　金属印刷版

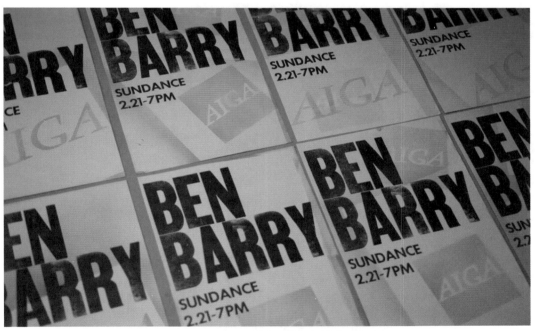

图 1-13　凸版印刷的杂志封面

1.1.7　按印刷品用途分类

因印刷业务种类不同，用途也有所不同，如书刊印刷、新闻印刷、广告印刷、钞券印刷、地图印刷、文具印刷等。

书籍杂志印刷以往采用凸版印刷，近年多改用平版印刷，如图 1-14 所示。

新闻印刷，因速度快、印刷量大，以往采用凸版轮转机印刷。近年来为适应彩色印刷需要，改用平版或照相凹版轮转机印刷，如图 1-15 所示。

图 1-14　书籍杂志印刷　　　　　　　　　　　　　　　　图 1-15　新闻印刷

广告印刷，含彩色图片、画报、海报等在内，大部分采用平版印刷，有些也采用凸版、凹版或孔版印刷，如图 1-16 所示为 Electronica 海报印刷。

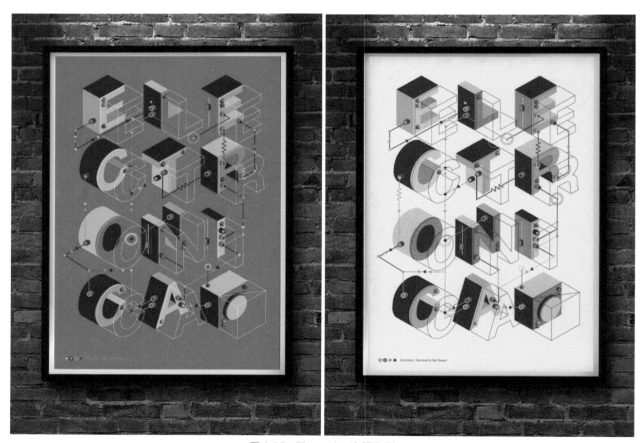

图 1-16　Electronica 海报印刷

钞券及其他有价证券的印刷以凹版印刷为主，同时需用凸版及平版辅佐，才能满足要求。

地图印刷因其幅面大、精度高、套色多、印量少，多采用照相平版印刷。

文具印刷如信封、信纸、请帖、名片、账册、作业本等，必须成本低廉，大量印刷，因而品质要求不高，所以多优先考虑凸版印刷，如图 1-17 所示。

图 1-17　凸版印刷的名片

包装印刷，小如各类卤甜蔬菜食品、糖果、饼干、蜜饯，大如各型包装用的瓦楞纸箱以及室内装潢、布置用的壁纸等，都多为凹版印刷，如图 1-18 至图 1-20 所示。

图 1-18　Ping's Popchips 包装

图 1-19　星巴克 40 周年纪念包装

图 1-20　bruno singulani 饼干包装

1.2　印刷的工艺

　　一件印刷品的复制，一般要经过原稿的分析与设计、印前图文信息的处理、制版、印刷、印后加工五个基本的步骤，如图 1-21 所示。就目前的实际情况来看，已把原稿的分析与设计、图文信息的处理、制版这三个步骤统称为印前技术，把油墨转移到承印物上的过程称之为印刷技术，把经过印后加工以实现不同使用目的印刷品的过程称之为印后加工技术，所以说，印刷工程就是印前技术、印刷技术、印后加工技术三大技术的总称。

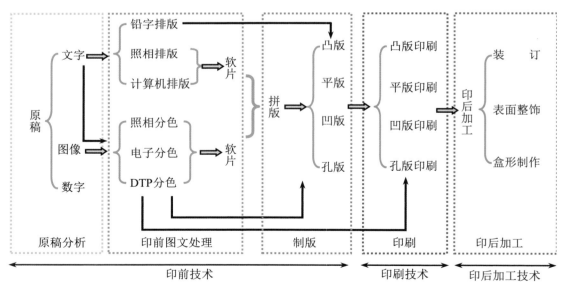

图 1-21　印刷工艺流程图

1.3　印刷的要素

印刷工艺实际上是一个将原稿进行大规模复制的过程。常规的印刷必须具备原稿、印版、承印物、印刷油墨、印刷机械五大要素。而对于数字印刷而言，只需要原稿、承印物、印刷油墨、印刷机械四大要素。

1.3.1　原稿

在印刷领域中，制版所依据的实物或载体上的图文信息称为原稿。因为原稿是印刷的基础，原稿质量的好坏直接影响印刷成品的质量，因此，必须选择或制作适合于印刷的原稿。

印刷用的原稿有：文字原稿、图像原稿、照相原稿等。

文字原稿有手写稿、打字稿、印刷稿之别，可视需要用作排版或照相的依据。供排版用的，必须清晰；供照相用的，除清晰之外，还需线画浓黑，反差鲜明。

图画原稿有连续调图画及线条图画之别，前者如炭画、水彩画、国画、油画等；后者如漫画、图解等。其中又各有单色及彩色之分。此类原稿在复制之前必经照相，所以其色调以适合感光材料特性为佳。

照相原稿，有黑白照相与彩色照相之分，又各有阳像与阴像之别，并包括传真照片及分色负片在内。总之，以浓度正常、反差适中的原稿才可供复制之用。凡用于照相的原稿，又可概分为反射原稿与透射原稿两大类。前者为不透明稿，如图画及晒印的照片等；后者为透明稿，如幻灯片、透明图等。

1.3.2　印版与制版

印版是用于把油墨传递至承印物上的印刷图文的载体。印版上的图文部分是着墨的部分，又叫做印刷部分；非图文部分在印刷过程中不吸附油墨，又叫空白部分。各种不同的印刷种类之间最大的差别就在于印版上，不同的印版会产生不同的印刷效果。

要得到相应的印版就必须通过制版工艺，制版顾名思义是为印刷工序制作印刷用版。由于传统上把印刷分为平版印刷、凸版印刷、凹版印刷和孔版印刷。相应地，制版也就分为平版制版、凸版制版、凹版制版和孔版制版。

平版：分有印纹部分与无印纹部分，在版面上保持同等高度，印纹部分使其吸收印墨而排拒水分，无印纹部分使其吸收水分而排拒印墨，因水与印墨不能混合而互相排拒，故能印刷。平版又分平面版、平凹版、平凸版三大类。平版的特性是制版快速、版面较大、便于套印彩色、成本低廉，虽耐印量及表现力稍不及凸版，但其承印范围最广，书、报、杂志均可承印，且一般图片及彩色印件几乎全属平版所印，如图 1-23 所示为平版印版。

凸版：印纹部分凸起，印刷时可沾着印墨色彩，无印纹部分则低下，则不沾着印墨色彩，故能印刷。如图 1-22 所示为柔性凸版。凸版又有雕刻版、活字版、照相版、复制版及电子凸版等。活版的特点是：在印刷过程中发现错误有随时修改的机会，墨色表现力强，大量印制或小量印制均适宜，故多用以承印书籍、报刊、杂志、卡片、文具之类。

图 1-22　柔性凸版

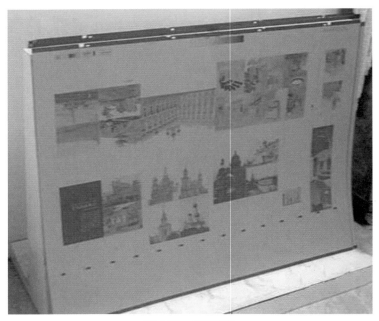

图 1-23　平版印版

　　凹版：印纹部分下陷，用以装存印墨，无印纹部分即为平面，平面上的印墨必须擦除，不留印墨，印刷时加压于承印物上，使与凹陷槽内印墨接触吸着于纸上而完成印刷。凹版又分雕刻凹版、电镀凹版及照相凹版等。凹版的特性在于墨色表现力特强，虽然制版繁难，但印品精美，故多用以承印钞券、邮票、股票及其他有价证券与艺术品等。因其墨层高于纸面，照相复制困难，所以具有防止伪造功能，如图 1-24 所示。

　　孔版：原称丝网印刷或称绢印，印墨系自印版正面压挤透过版孔，而印于版背面的承印物上，如图 1-25 所示。依制版分誊写孔版、打字孔版、绢印孔版、照相孔版等，如普通的油印就属于孔版印刷。孔版适用于特殊表面的印刷，诸如曲面、粗糙面、光滑面、金属面、非金属面、布匹表面等。

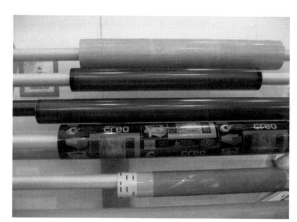

图 1-24　凹版

图 1-25　孔版

1.3.3　油墨

印刷墨成由四部分混合调炼而成：一为舒展剂，用亚麻仁油、桐油、松香油、煤油、人造树脂等熬炼而成的溶剂，以及用树脂等溶于松节油或百油精的粘剂，后者称凡立水或凡立。二为颜料，为印墨的染色料，分有机颜料、无机颜料、植物颜料、矿物颜料等。三为干燥剂，使印墨脂肪在承印物上快速干燥，多用金属皂类，如锰、钴、铅等，还有一般性的干燥剂，如钙、铁、铜、锌等。四为填充剂，使印墨增加浓度，兼有扩散作用及润滑功效，常用玉蜀黍粉、氧化镁、碳酸钙、碳酸钡、氧化铝、腊脂及凡士林等。

印刷墨的特性及品质好坏与其合成材料及调炼处理过程有关。近年来，用树脂与塑胶等调制的印墨日渐增多。

发展中的印墨，大概分热固型油墨、快干油墨、亮光油墨、腊质油墨、韧性油墨、水气凝固油墨、紫外光凝固油墨等。

1.3.4　承印物

承印物是接受印刷油墨或吸附色料并呈现图文的各种物质。传统的印刷是转印在纸上，所以承印物即纸张。

常用的印刷用纸有：新闻纸、凸版纸、胶版纸、铜版纸、凹版纸、地图纸、海图纸、拷贝纸、字典纸、书皮纸、书写纸、白卡纸等，如图 1-26 和图 1-27 所示。

图 1-26　胶版纸印品

图 1-27　新闻纸印品

随着科学技术的发展，印刷承印物不断扩大，现在远不仅是纸张，还包括各种材料，如纤维织物、塑料、木材、金属、玻璃、陶瓷等，如图 1-28 至图 1-31 所示。

图 1-28　纸箱印刷

图 1-29　纤维织物印刷

图 1-30　塑料制品印刷

我们在选择印刷承印材料时，应将材料语言的运用纳入我们的设计思路之中，不拘于形式，视设计所需勇于尝试新的材料，勇于选用特种纸、特种材料，如皮革、纺织品、木、竹等。材料本身带来的质感、空间、肌理会在第一时间吸引消费者。纸张纹路色彩的肌理效果所表达出的情绪和情感，与画龙点睛的简单设计一起，不仅可以达到既简洁又美观的艺术效果，还能达到节约印费的目的。

图 1-31　金属印刷

1.3.5　印刷机械

印刷机因印版的型式不同，可分 5 类：平版印刷机、凸版印刷机、凹版印刷机、孔版印刷机及特殊印刷机。

平版印刷机有平版平压式的手摇百印机、转版机、平版圆压式的平床印刷机、珂罗版印刷机、圆版圆压式的间接橡皮印刷机及轮转印刷机等。

凸版印刷机有平版平压式的圆盘机、平版圆压式的平床机及圆版圆压式的轮转机等。

凹版印刷机有平压式的手摇凹印机、圆压式的平台凹印机、转轮式的凹印机等。

孔版印刷机有手推式油印机、轮转式油印机、手推式绢印机、电动式绢印机等。

特殊印刷机有车票印刷机、商标印刷机、曲面印刷机、静电印刷机等。

印刷机按发展顺序，可大概分为平版平压式、平版圆压式、直接圆版圆压式、间接圆版圆压式四类。按一次印刷墨色的多少又可分单色机、双色机、四色机和六色机。

综合以上，原稿、印刷版面、印刷油墨、承印物、印刷机，合称为"印刷五大要素"。

1.4　数码印刷

随着科学技术不断的发展，传统印刷逐步过渡到数码印刷时代。数码印刷是印刷技术的数码化，泛指全过程的部分或全部的数码化。例如激光照排、远程传版、数码打样、计算机直接制版、数字化工作流程、印刷厂 ERP 等都属于数码印刷的范畴。

1.4.1　数字印刷简述

数字印刷就是利用印前系统将图文信息直接通过网络传输到数字印刷机上印刷出彩色印品的一种新型印刷技术。

数字印刷系统主要是由印前系统和数字印刷机组成。有些系统还配有装订和裁切设备。其工作原理是：操作者将原稿（图文数字信息）或数字媒体的数字信息或从网络系统上接收的网络数字文件输入到计算机，在计算机上进行创意，修改、编排成为客户满意的数字化信息，经 RIP 处理，成为相应的单色像素数字信号传至激光控制器，发射出相应的激光束，对印刷滚筒进行扫描。由感光材料制成的印刷滚筒（无印版）经感光后形成可以吸附油墨或墨粉的图文然后转印到纸张等承印物上。

传统印刷比数字印刷工艺流程复杂。传统印刷工艺流程包括原稿经电脑制作、输出分色软片、打样、拼版、晒 PS 版、上版、四色印刷几个工序。前后工序多，如果在这些过程中出现网点丢失或套色不准等问题，就会造成部分或全部返工。而数字印刷工艺流程只需原稿电脑制作和印刷两个工序，操作简便，从设计到印刷一体化，不需要软片和印版，无水墨平衡问题，一人便可完成整个印刷过程。

1.4.2 数字印刷的发展

随着印刷技术的不断发展，数字化印刷已成为印刷技术发展的主线，这一点在 2000 年德鲁巴印刷展览会上得到充分体现。可以乐观地预言，在不久的将来数字化将成为印刷业无所不在的生产技术和生产方式。

20 世纪 90 年代，由于计算机、自动控制、激光等高新技术应用于印刷业，数字印刷机诞生了，数字印刷机的出现能满足日益增长的按需印刷市场的需求。数字印刷这一新技术自 1995 年在德鲁巴展览会上展出后，在世界范围内掀起了热潮，1996 年 5 月和 2001 年 5 月在我国举办的第四届和第五届北京国际印刷技术展会上，国外公司展出了数字印刷机，引起了我国出版、印刷界人士的极大关注。数字印刷以其本身所具有的特点和优势为客户提供了一种崭新的全方位的服务方式。专家认为，数字印刷在新世纪的按需印刷市场上，会有更广阔的发展前景。

从数字印刷投入工业化应用时算起，至今已有七年，其发展得益于计算机及印刷业的发展。起初，由于计算中心的高性能计算机需要配置高速打印输出设备，有人开发了高速激光打印输出设备。后来，印刷业有不少用户对此类产品感兴趣从而使 IBM、Nipson、Oce、赛天使及施乐等公司的卷筒纸给纸方式的激光打印输出设备在印刷业得到应用。这类单色印刷设备主要用于印刷个性化图书及样本，输出速度可达每分钟 2200 张（A4 幅面）。

1.4.3 数字印刷的优势

数字印刷由于具有以下这些特点，因而在个性化按需印刷市场上有其独特的优势。

（1）印刷方式全数字化。

数字印刷是从计算机直接到印刷品的全数字化生产过程，工序中间不需要胶片和印版，无传统印刷工艺的繁琐工序；涵盖了计算机直接制版、数字化工作流程、数码打样、按需快速打印等技术，是印刷行业适应信息时代发展的必然。

（2）可变信息印刷。

数字印刷品的内容是随时可以变化的，前后两页内容可以完全不一样。

（3）实现异地印刷。

数字印刷品可以通过互联网在任意设备上随时随地生成、管理并发布，进行远距离印刷。

（4）高效的文图合一制版。

桌面彩色出版系统提高了彩色文图合一的制版效率，并且将艺术和出版有机地结合在一起。

（5）高效率、高质量的管理。

计算机直接制版、胶片扫描、数字化工作流程、数码打样与远程打样、印刷厂经营管理系统、按需快速印刷，这些都可以实现印刷出版高效率、高质量的管理目标。

随着科学技术不断的进步，现代印刷设备正向多色、多功能、高速化、联动化和自动化方向发展，与此同时，彩印材料也不断出现多样化，数码印刷与传统生产工艺出现明显的差异。

1.5　案例分析——名片印刷工艺

本章我们了解了印刷的相关知识，下面我们就通过几组名片的设计制作分析来近一步了解印刷工艺。名片的印刷工艺重点是印后加工技术，多样的印后工艺，让个性名片的设计空间变得越来越大。

1.5.1　浮雕（凹凸）——赋予名片非凡的质感和层次感

浮雕，又称压凹凸印名片，它是一种不用印墨，利用一种吻合的凹凸版，将名片压出浮雕状图文的加工方法。

它能赋予名片非凡的质感，分有色浮雕和无色浮雕两种，如图 1-32 和图 1-33 所示。拥有强烈的立体视觉感受和良好的触摸感，简约的设计因为凹凸工艺感觉丰富起来，画面的空间感因为浮雕显得松弛有度、活灵活现。但是因为是凹凸，通常不能反映太小的细节。

图 1-32　无色浮雕

图 1-33　有色浮雕

1.5.2　雕刻（轻度切割）——别具一格的意境之美

雕刻工艺与浮雕工艺的不同之处是雕刻之后反面没有凸显。雕刻给人一种单面下凹的质感，感官上和凹凸有相似之处，细节中却有不同。通常宜用厚纸，立体感更强烈，如图 1-34 和图 1-35 所示。

图 1-34　无色雕刻

图 1-35　有色雕刻

1.5.3　镂空（矢量切割）——卓尔不群的穿透力

镂空（矢量切割）就是在名片上雕刻出穿透纸张的花纹或文字的后期工艺效果，如图 1-36 和图 1-37 所示。

图 1-36　吉他造型

图 1-37　镂空效果

1.5.4　烫印——给名片一个夺目的亮点

烫印是借助一定的压力和温度，运用装在烫印机上的模板，使名片和烫印版在短时间内合压，将金属铂按烫印模板的图文要求转印到名片表面的加工工艺，是中、高档名片设计时的重要表现手段。

烫印分很多种，包括烫金、烫银，烫流沙、烫万花筒、烫纹光炬、烫松针、烫小亮点等。烫金中又分亮金、古铜金、哑金、彩色金、珠光金等，烫银也分亮银、哑银等，如图 1-38 至图 1-41 所示。

图 1-38　烫金效果

图 1-39　烫银效果

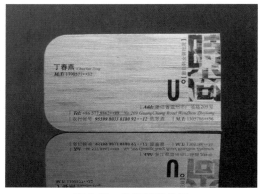

图 1-40　烫万花筒效果

图 1-41　烫红流沙效果

烫印受制版技术限制不宜印太小或太细的文字或图案。

1.5.5　水晶（UV、凸字）——独具水晶般晶莹剔透的效果

水晶工艺就是使用 UV 油墨或 UV 粉进行 UV 上光的方式，使名片获得凸起的光泽度。这种工艺让名片拥有水晶般晶莹剔透的质感，出色的透明立体感增加了质感和层次，从而备受客户欢迎。常分为单色水晶和彩色水晶两种，如图 1-42 和图 1-43 所示。

图 1-42　LOGO 彩色水晶

图 1-43　满版单色水晶

1.6　课后实训

设计几款不同风格的名片，合理设置印刷工艺流程，并制作成印刷品。

创意思路：设定不同的客户类型，如企业管理者、教师、职员、设计师等，根据其职业特点，分析其喜好，设计不同的名片版式和不同的印后工艺。参考作品如图 1-44 和图 1-45 所示。

图 1-44　国外创意名片设计（一）

图 1-45　国外创意名片设计（二）

2

印前工艺与印后处理

第2章 印前工艺与印后处理

2.1 文字信息的输入与处理

文字、图像、色彩是一件印刷品产生的三个重要的元素。印前文字信息处理又称文字排版，它是印前工艺的一个重要环节。它的对错直接关系到印版与承印物，只有正确的制作输出才能更好地去印刷。

2.1.1 文字信息的输入

目前文字录入主要有4种形式，即图形图像软件直接输入、排版软件直接输入、导入写字板中的文字、扫描输入文字。图形图像软件主要针对标志性文字和创意文字的输入与编辑，文字输出时会有锯齿，而图形排版软件中的文字则是十分光滑的曲线字体，可以随意放大或缩小。常用于图形排版的软件有：Photoshop、InDesign、Pagemaker、CorelDRAW、Adobe Illustrator、方正飞腾等。上面提到的软件的文字处理功能有强有弱，特别是针对大段文字处理的差别较大，应该视版面文字多少选择适合的软件。一般文字多且段落大，应在 Pagemaker、方正飞腾等软件中进行页面排版，而以图像、图形内容为主的页面应在 CorelDRAW、AdobeIllustrator、Photoshop 中进行排版。文字录入时为了提高文字录入的效率，一般在排版之前利用一种文字编辑软件将主要的文字内容事先输入，当然，也可以在排版软件中实时输入，不过效率较低。单独文字录入后一般均以纯文本的形式保存，即 txt 格式。

如图 2-1 所示的音乐主题海报中标题及主要信息文字是利用图形图像软件直接编辑完成的，是这一海报的亮点。如图 2-2 所示的文字招贴中酷炫的立体文字是在 Photoshop 软件中直接编辑完成的。利用软件设计文字可以增强文字信息的可视性和感染力。

如图 2-3 所示的电影海报中运用单色中灰色为背景，上下设计漏白文字，中间主体位置利用文字透叠图像信息，文字与图像融合自然、贴切，丰富了海报层次又增加了主题的神秘感。如图 2-4 所示的平面广告版面大部分是文字，是这张海报的亮点，文字根据主题的需要设计的生动活泼、色彩绚丽，提升了版面的艺术性。利用软件设计文字，增强文字信息的可视性和感染力。这两幅作品文字编辑与转换也都是利用图形图像软件直接完成的。

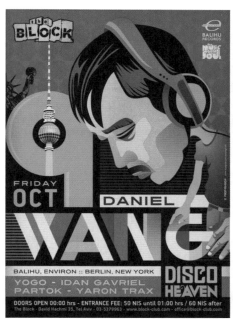

图 2-1　音乐主题海报

图 2-2　文字招贴

图 2-3　电影海报

图 2-4　本田 Brio 汽车平面广告

2.1.2　文字的处理与控制

文字处理是指根据要求对文字进行编辑处理，确定合适的字体、字号、行距、字距，然后按照印刷要求对版面文字进行设计和编排，这样完成的作品才会有非常好的视觉效果。

1．文字字体的选择

字体是指字的各种不同的形状，也有人说是笔画姿态。常见基本汉字的字体有宋体、仿宋体、楷体和黑体。除这四种基本字体外，字处理软件还提供许多种印刷字体可以供人们选用，如书宋体、报宋体、行楷体、隶书体、行草体等。文字的字体是一种规范了的文字书写格式，不同的字体代表了不同的书写风格，因此在印刷排版中，选用不同的字体对印刷的质量有重要作用。字体最好采用常用字库（如方正、文鼎），尽量不要使用少见字库。如果已经使用，在 CorelDRAW 和 Illustrator 软件中，可将文字转换为曲线方式，就可避免因输出中心没有该种字库而无法输出的问题。通常标题应为无衬线字体（如黑体），但大标题也可使用有衬线字体（如标宋）；正文使用宋体最宜。通篇使用的字体不应超过 4 种，通常 3 种已经足够。如果版面使用了补字文件，必须将补字文件连同版面文件一并拷贝给输出中心。

2．文字的字号

字号是区分文字大小的一种衡量标准。印刷文字有大、小变化，字处理软件中汉字字形大小的计量，目前主要采用印刷业专用的号数制、点数制和级数制。国际上通用的是点数制，在国内则是以号数制为主，点数制为辅。号数制是采用互不成倍数的几种活字为标准的，根据加倍或减半的换算关系而自成系统，可以分为四号字、五号字、六号字系统等。字号的标称数越小，字形越大，如一号字比二号字要大，二号字又比三号字大等。点数制又称为磅制（P），是通过计算字的外形的"点"值为衡量标准。根据印刷行业标准的规定，字号的每一个点值的大小约等于 0.35mm，误差不得超过 0.005mm，如四号字换成点制就是等于 14 点，也就是 4.939mm。级数制实际上是手动照排机实行的一种字形计量制式，以 mm 为计算单位，称为"级（J 或 K）"。每一级等于 0.25mm，1mm 等于 4 级。照排文字能排出的大小一般由 7 级到 62 级，也有从 7 级到 100 级的。在计算机照排系统中，有点制也有号制存在。在印刷排版时，如遇到以号数为标注的字符时，必须将号数的数值换算成级数，才能够掌握字符的正确大小。

3．字距和行距

字距是字与字之间的距离；行距就是每行字之间的空白距离。调节字距与行距能够增强版面空间、层次形式的美感。

4．文字排版时需要注意的事项

文字排版时应该根据印刷版面要求进行版面设计与制作。比如要设计一本杂志，设计与制作时需要注意杂志开本的大小、排版的形式（横排或竖排）、正文的字体及字号、每页的行数及每行的字数、字距及行距、页面的栏数及每栏的字数、栏间距、页码及页码的摆放位置、页眉页脚的位置等。在进行文字排版时，还要遵循一些禁排规定。如在每段的开头要进行首行缩进两个字的位置；在行首不能排一些标点符号，如顿号、分号、句号、逗号、感叹号以及下引号、下括号、下书名号等；在行末不能排上引号、上括号、上书名号以及中文中的序号等；数字中的分数、化学分子式、年份、数字前的正负号、温度标识符以及单音节的外文单词等，都不应该分开排在上下两行。

无论哪种排版设计都需要点线面的结合。在文字排版设计中高低错落、疏密聚散也是构成形式美的重要因素。根据字体的粗细变化调整 26 个英文字母，每个单独的字母就构成了跳动的音符，主观意识把重点词汇调整突出，赋予情感。如图 2-5 所示的设计中利用字体大小、粗细对比进行调整和变化，区分了文字间的关系，也使文字排版具有点线面的序列美、对比美，给设计增添了情感的节奏和韵律。如图 2-6 所示的书籍封面中利用漏白文字突出标题，对字体（如大小写，字号、粗细、行间距）进行调整，产生了一系列的排版变化，使节奏更加突出，旋律更加流畅。一套字体排版设计，通常字体采用两种最佳，最多不超过 3 种。

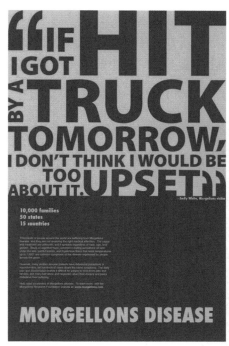

图 2-5　文字海报　　　　　　　　　　　　　　　图 2-6　书籍封面

　　如图 2-7 所示的图书封面根据背景构图对文字进行了倾斜处理，增强了视觉冲击力。普通的文字排列平稳、方正，我们可以用倾斜或者斜切打破这种"稳定的排版"，让画面更有动感和层次感。如图 2-8 所示的海报文案主标题不采用任何修饰与变化，字体字号颜色都不变，所产生的节奏就是单词与单词之间的间隔，字体是唯一能体现情感的依据。整体多行文字排版利用主体的大小、间距、粗细产生节奏和韵律。

图 2-7　图书封面　　　　　　　　　　　　　　图 2-8　美国 GearWrench 农产品工具海报

　　文字本身是千锤百炼的文化结晶，具有很强的韵律。如图 2-9 所示的 CD 封面利用文字倾斜、穿插连接增强页面变化，文字本身大小、粗细的变化，赋予文字节奏和动感。如图 2-10 所示的杂志内页中版面标题文字排版活泼、紧扣主题，正文利用首字强调引导阅读，其他文字左右直线对齐，看起来非常整齐统一。整体文字主副标题明确，通过粗细高矮的变化以及字距、行距的变化产生丰富多彩的视觉效果。

图 2-9　CD 封面

图 2-10　杂志内页

2.2　印前排版设计

印刷之前，首先根据客户来稿明确产品形式与版面要求，其次是明确图片的拼接方式，文字、底纹、花边等附属图案的要求，再次裁切、装订方式及有无其他特殊要求，然后检查稿件是否齐全、页码是否连续、原稿剪裁比例是否正确等问题。想要印刷顺利完成，关键是控制印前排版设计，提高印前质量，使其数据化、规范化、标准化。印前排版设计重点考虑出血、叼口、拖梢、切口宽度、订口、贴、书脊线、裁切线、图边线、中线、轮廓线、印张、爬移等问题。如图 2-11 所示。

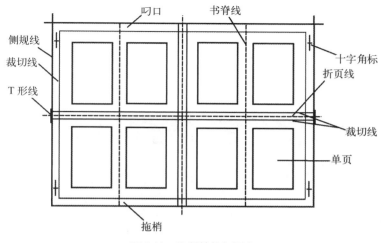

图 2-11　印版结构与要素

（1）出血：印刷品印完后，为使成品外观整齐，必须将不整齐的边缘裁切掉。裁掉的边缘一般需要留有一定的宽度，这个宽度就是"出血位"。设计师在设计印刷品时，一般要在成品尺寸外留 3mm（如有特殊要也可以多留"出血位"），以防止在成品裁切时裁少了露出纸色（白边），裁多了切掉版面内容。留出"出血位"是设计师设计过程中必须要做的工作。

（2）叼口：印刷机印刷时叼纸的宽度叫做叼口，叼口部分是印不上内容的。一般叼口尺寸为10 ~ 12mm。在拼版过程中，对纸张大小与页面位置计算时，必须要考虑这个尺寸。设置页面尺寸时加出叼口宽度。

（3）拖梢：叼口对面是拖梢，一般预留 5mm。印版的另两边（横向）一般也各预留 5mm 的空白，我们可以把角线、十字线、色标、测控条及文件的有关信息放置在这个范围内。

（4）切口宽度：指成品图文区域到成品的装订边以外的其他各边的距离。通常至少设置成与出血相同的尺寸。例如"出血位"是 3mm，则切口宽度至少为 3mm。

（5）订口：订口指印刷成品的装订边。订口宽度指图文区域到成品装订边的距离。一般无线胶订、骑马订时，订口宽度和翻口方向宽度是一样的。如果装订方式为平订或胶订，由于装订时要占有一定的宽度，订口宽度应比切口宽度宽一点。这样，成品两边的空白位置就会一致。

（6）帖：配页成书时，一张纸（不论大小）上的所有页码组成一帖。

（7）书脊线：书帖中用于装订一侧的折线。

（8）裁切线：裁切线是成品切边时的指示线。

（9）图边线：图边线指有效印刷面积的指示线。

（10）中线：中线是印刷品的水平、垂直等分线，中线可用来在正反印刷时作为正面、反面套印对位用，也可用来在第一色印刷时对印版定位以及后面印色的印版定位用。

（11）轮廓线：一般用作模切线，是包装容器的后加工方式之一。

（12）印张：一张印有很多页面的纸张叫一个印张，纸张常用 4 页、8 页、12 页、16 页、32 页、48 页等规格印刷，即一张纸上有 4 页、8 页、12 页、16 页、32 页、48 页等规格印刷，即一张纸上有4P、8P、12P 等（P 即为英文 Page 的缩写）。

（13）爬移：因纸张厚度导致折页后的书帖内层的书页向折缝相反方向轻微移动的现象。装订后裁切毛边的处理，虽然能裁切去除突起部分，但是会因光边的尺寸不一样，导致书帖上单页的左右页边距不等，所以胶订和骑马订装订方式在拼大版确定单页的准确位置时，通常要考虑"爬移"影响。

一个版面不仅需要寻求艺术手段来进行版面的设计，还需要进行跟踪，进行版面设计后的印前工作。以上是我们在印前对排版设计需要考虑的问题，这也是确保印刷质量的重要环节。

如图 2-12 和图 2-13 所示两幅杂志内页左侧图片都采用出血的形式，呈现高品质的影像画面。文字使用漏白的方法并加大加粗标题文字突显主题，并且所有文字信息排在裁切线以内。

图 2-12　杂志内页（一）

图 2-13　杂志内页（二）

2.3　图像处理

2.3.1　图像信息输入

1. 输入信息设备

（1）扫描仪：图像输入设备，只能对静态图像进行扫描，分辨率高。按照结构和工作原理的不同，扫描仪一般分为台式扫描仪和滚筒扫描仪，如图 2-14 和图 2-15 所示。

图 2-14　台式扫描仪

图 2-15　滚筒扫描仪

（2）数码相机：是一种利用电子传感器把光学影像转换成电子数据的照相机，如图 2-16 所示。

图 2-16　数码相机

2. 图像扫描

扫描仪接在计算机上并不说明就能用了，扫描图像必须安装相应的驱动程序和扫描软件，一般的扫描仪都会附带相应的驱动程序和扫描软件，并且符合 TWAIN 标准。通常我们可以用扫描软件来扫描图片，但大多数情况下，我们可以通过图像处理软件来直接扫描输入图片，如 Photoshop、Fireworks 都可以用来进行图像扫描。通过 Photoshop 进行扫描时，使用文件导入命令，在进行正式扫描前可先进行预览，这时可以看到要扫描的原图像，用鼠标选择要扫描的范围，这样根据原稿的实际大小，减少扫描的区域，可以大大节省扫描时间。扫描之后可以把扫描后的结果保存起来，可以选择文件的格式，比如 BMP、JPG 都可以。

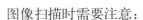
图像扫描时需要注意：

（1）图片素材的质量最重要，因为无论图像如何处理，其精度都不会超过原素材。

（2）扫描图片时，如果图片的主要内容是文字或水平／垂直线，则放置图片时要尽量放正，使文字行或线段在扫描图像上保持水平或垂直。因为扫描仪以水平垂直方向取得像素信号，斜向图像的误差大于水平或垂直方向的误差。在使用 OCR 方法扫描文字时，这一因素直接关系到识别率的高低。

3．图像信息的特点及格式

（1）位图图像：又称为点阵图或栅格图像。

1）位图图像的特点：每幅图像在单位面积内都包含固定数量的像素，每个像素都有其特定的位置信息和颜色值。在处理图像时，编辑的其实是像素而不是对象或形状。

2）图像文件的格式：PSD 或 PDD 格式能保存图像的每个细节，包括图层、蒙板、通道等。但是图像文件特别大；JPEG（JPG）格式属于有损压缩，图像清晰度下降，细节不清晰；EPS 格式是目前桌面印刷系统普遍使用的通用交换格式当中的一种综合格式。EPS 文件格式又被称为带有预视图象的 PS 格式，它是由一个 PostScript 语言的文本文件和一个（可选）低分辨率的由 PICT 或 TIFF 格式描述的代表像组成。EPS 文件就是包括文件头信息的 PostScript 文件，利用文件头信息可使其他应用程序将此文件嵌入文档；TIFF 格式为图像文件格式，此图像格式复杂，存储内容多，占用存储空间大，其大小是 GIF 图像的 3 倍，是相应的 JPEG 图像的 10 倍，最早流行于 Macintosh，现在 Windows 主流的图像应用程序都支持此格式。

（2）矢量图形：也称为面向对象的图像或绘图图像，在数学上定义为一系列由线连接的点。矢量文件中的图形元素称为对象。每个对象都是一个自成一体的实体，它具有颜色、形状、轮廓、大小和屏幕位置等属性。

1）矢量图像特点：文件小，图像元素对象可编辑，图像放大、缩小不影响分辨率，线条顺化并且同样粗细，颜色边缘顺化。

2）图像文件格式：AI、CDR、SWF、SVG、WMF、EMF、EPS、DXF 文件格式。

AI（Illustrator）：它是 Illustrator 中的一种图形文件格式，也即 Illustrator 软件生成的矢量文件格式，用 Illustrator、CorelDRAW、Photoshop 均能打开、编辑、修改等。

CDR（CorelDRAW）：它是 CorelDRAW 中的一种图形文件格式，是所有 CorelDRAW 应用程序中均能够使用的一种图形图像文件格式。

SWF（ShockWave Format）文件格式：是二维动画软件 Flash 中的矢量动画格式，主要用于 Web 页面上的动画发布。

SVG（Scalable Vector Graphics）文件格式：是基于 XML（Extensible Markup Language），由 World Wide Web Consortium（W3C）联盟开发的一种开放标准的矢量图形语言。用户可以直接用代码来描绘图像，可以用任何文字处理工具打开 SVG 图像，通过改变部分代码来使图像具有互交功能，并可以随时插入到 HTML 中通过浏览器来观看。它具有目前网络流行格式 GIF 和 JPEG 无法具备的优势：可以任意放大图形显示，但绝不会以牺牲图像质量为代价；字在 SVG 图像中保留可编辑和可搜寻的状态；一般 SVG 文件比 JPEG 和 GIF 格式的文件要小很多，因而下载也很快。SVG 的开发将会为 Web 提供新的图像标准。

WMF 文件格式：是常见的一种图元文件格式，它具有文件短小、图案造型化的特点，整个图形常由各个独立的组成部分拼接而成，但其图形往往较粗糙。

EMF 文件格式：是微软公司开发的一种 Windows 32 位扩展图元文件格式。其总体目标是要弥补使用 WMF 的不足，使得图元文件更加易于接受。

EPS 文件格式：是用 PostScript 语言描述的一种 ASCII 码文件格式，既可以存储矢量图，也可以存储位图，最高能表示 32 位颜色深度，特别适合 PostScript 打印机。

DXF 文件格式：是 AutoCAD 中的矢量文件格式，它以 ASCII 码方式存储文件，在表现图形的大小方面十分精确。DXF 文件可以被许多软件调用或输出。

4．RGB、CMYK、Lab 色彩模式

RGB 模式是基于自然界中 3 种基色光的混合原理，将红（Red）、绿（Green）和蓝（Blue）3 种基色按照从 0（黑）到 255（白色）的亮度值在每个色阶中分配，从而指定其色彩。当不同亮度的基色混合后，便会产生出 256×256×256 种颜色，约为 1670 万种。例如，一种明亮的红色可能 R 值为 246，G 值为 20，B 值为 50。当 3 种基色的亮度值相等时，产生灰色；当 3 种亮度值都是 255 时，产生纯白色；当所有亮度值都是 0 时，产生纯黑色。3 种色光混合生成的颜色一般比原来的颜色亮度值高，所以用 RGB 模式产生颜色的方法又被称为色光加色法。

CMYK 颜色模式是一种印刷模式。其中四个字母分别指青（Cyan）、洋红（Magenta）、黄（Yellow）、黑（Black），在印刷中代表四种颜色的油墨。CMYK 模式在本质上与 RGB 模式没有什么区别，只是产生色彩的原理不同，在 RGB 模式中由光源发出的色光混合生成颜色，而在 CMYK 模式中由光线照到有不同比例 C、M、Y、K 油墨的纸上，部分光谱被吸收后，反射到人眼的光产生颜色。由于 C、M、Y、K 在混合成色时，随着 C、M、Y、K 四种成分的增多，反射到人眼的光会越来越少，光线的亮度会越来越低，所以 CMYK 模式产生颜色的方法又被称为色光减色法。

Lab 模式的原型是由 CIE 协会在 1931 年制定的一个衡量颜色的标准，在 1976 年被重新定义并命名为 CIELab。此模式解决了由于不同的显示器和打印设备所造成的颜色扶植的差异，也就是它不依赖于设备。Lab 颜色是以一个亮度分量 L 及两个颜色分量 a 和 b 来表示颜色的。其中 L 的取值范围是 0～100，a 分量代表由绿色到红色的光谱变化，b 分量代表由蓝色到黄色的光谱变化，a 和 b 的取值范围均为 -120～120。Lab 模式所包含的颜色范围最广，能够包含所有的 RGB 和 CMYK 模式中的颜色。CMYK 模式所包含的颜色最少，有些在屏幕上的颜色在印刷品上却无法实现。如图 2-17 所示为三种模式的色域示意图。

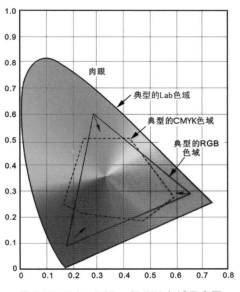

图 2-17　Lab、RGB、CMYK 色域示意图

5. 图像印刷的基本要求

要将一个图片印刷出理想效果，需要符合以下印刷标准，包括图像文件格式、图像色彩模式、分辨率及图像尺寸四个方面。在输出文件信息前，要预先设置图像的各个参数。

（1）图像文件格式：在 Photoshop 中设计好作品后，需要以指定的文件格式保存，才能适应胶片输出，通常使用最多的是 TIFF 格式，因为这种格式的文件小并可以直接输出胶片。此外，也可以保存为 EPS 格式出片，但千万不要用 JPG 格式进行输出，因为 JPG 格式的图片用于印刷作品会丢失很多数据，印刷效果不理想。

（2）图像色彩模式：彩色作品一般都是 4 色印刷出品的，这 4 色就是指纯青色（C）、洋红（M）、黄色（Y）和黑色（K）四种颜色。所以在设计图片时，必须将图片的色彩模式转换成 CMYK 模式。

（3）分辨率：在设计作品（如招贴画）时，首先要考虑的是图像分辨率，印刷出品的图像分辨率至少要达到 300dpi，才能使输出的图片效果合格。但是分辨率越高，文件越大，处理图像也就越慢，所占用的内存和硬盘空间也越多，所以要适当地设置分辨率，一般的图像设为 300dpi 就够了，除非此图像特别大，才要适当地提高分辨率。

（4）图像尺寸：设置作品的分辨率后，紧接着要考虑图像文件的尺寸。一般情况下，在 Photoshop 里新建图像文件时要把文件尺寸设置得比要输出到胶片的面积大一些，这是因为最后印刷好的成品还要进行裁切，多预留一点尺寸就不怕因为裁切得不准确而出现白边了。一般印刷后的作品在 4 条边上都会被裁去 3mm 左右的宽度，这个宽度就是所谓的"出血"。

6. 图像的陷印

陷印即补漏白，又称为扩缩，主要是为了弥补因印刷套印不准而造成两个相邻的不同颜色之间的漏白。当人们面对印刷品时，总是感觉深色离人眼近，浅色离人眼远，因此，在对原稿进行陷印处理时，总是设法不让深色下的浅色露出来，而上面的深色保持不变，以保证不影响视觉效果。

（1）陷印处理的原则：实施陷印处理也要遵循一定的原则，一般情况下是扩下色不扩上色，扩浅色不扩深色，扩平网而不扩实地。有时还可进行互扩，特殊情况下则要进行反向陷印，甚至还要在两邻色之间加空隙来弥补套印误差，以使印刷品美观。

陷印量的大小要根据承印材料的特性及印刷系统的套印精度而定。一般胶印的陷印量小一些，凹印和柔印的陷印量要大一些，一般在 0.2 ～ 0.3mm，可根据客户印刷精度或要求而定。

（2）常见的陷印处理方法主要有 4 种：

1）单色线叠印法：在色块边上加浅色线条，并将线条属性选为叠印。

2）合成线法：在色块边上加合成线，线条属性不选为叠印。

3）分层法：在不同的层上通过对元素内缩或外扩来实现陷印。

4）移位法：通过移动色块中拐点的位置来实现内缩或外扩，一般用在与渐变有关的陷印中。

（3）陷印在常用软件中的应用：

1）Photoshop 中的陷印处理是在软件的"图像"菜单中的"陷印"命令下进行的，它只有陷印宽度一个选项。Photoshop 软件只能通过扩大颜色来进行陷印，其陷印规则如下：

①所有的颜色向黑色扩展；

②亮色向暗色扩展；

③黄色向品红色、青色扩展；

④青色与品红色对等的扩展，即互扩。

另外还需要注意以下事项：

①连续调图像本身不需要陷印；

②图案只有在压平台层的情况下才能利用陷印工具；

③色块与色块进行陷印时在拐角的地方会有断口。

举个简单的例子，如建立色彩模式为 CMYK 的新文件，填充绿色，输入"陷印"文字，填充红色，合并图层，执行菜单栏"图像"→"陷印"命令，在弹出的对话框中填入宽度数值，也就是印刷时色版偏移量，其数值是四色印刷套印误差的总和。填 2、3 像素即可，单击"确定"完成操作。软件会自动进行扩张或收缩图像处理，我们可以看到文字和背景临界边缘出现两色混合色彩。

2）Illustrator 和 FreeHand 是基于矢量的图形处理软件，它们都能生成简单的自动陷印对象，并且自动陷印的功能也基本相同，都是创建一个单独浅色叠印填充区去覆盖相邻的色块；它们能够判断相邻两色块间什么时候需要陷印，什么时候不必陷印，并且只能对已选择的对象进行陷印。在 Illustrator 软件的"窗口"菜单下的"路径寻找器"命令中打开"陷印"工具面板；在 FreeHand 软件中执行"外挂功能"→"创建"→"陷印"命令，能调出陷印功能面板。宽度（Illustrator/FreeHand）：指陷印区域的宽度。在 Illustrator 中默认值是 0.25points，范围是 0.01 ～ 5000points；在 FreeHand 中可以输入单位，如 0.2mm。减色（Illustrator/FreeHand）：指减少陷印区域中亮色的比例，使陷印区域内变色程度减轻，默认值都是 40%。反转陷印（Illustrator/FreeHand）：指改变陷印方向，使暗色向亮色区域中扩大。在 Illustrator 和 FreeHand 软件中自动陷印只能处理相邻填充色块间的陷印，而填充色块与笔划、渐变、连续调图像以及其他特性的图案间不能进行陷印。

3）CorelDRAW 是一款非常优秀的矢量图形绘制软件。执行"文件"→"打印"→"分色"命令，可以选择 RIP 中陷印、叠印所有颜色或自动扩展补漏白。

4）InDesign 中的陷印处理操作为：执行"窗口"→"输出"→"陷印预设"命令，打开"陷印预设"调板，单击"陷印预设"调板底部"创建新陷印预设"按钮，可以创建新的陷印样式。双击"陷印预设 -1"样式，打开"修改陷印预设选项"对话框，默认设置除了黑色以外的所有颜色的陷印宽度。"黑色"设置黑色边缘与下层油墨之间的距离。默认值为 0.176mm。该值通常设置为默认陷印宽度值的 1.5 ～ 2 倍。"连接样式"提供了"斜接"、"圆形"和"斜角"3 个选项。可控制 3 个颜色陷印之间的交叉点连接处的陷印外观。"终点样式"有"斜接"和"重叠"两个选项，可控制转角处陷印的外观。陷印预设完成后，打开"指定陷印预设"对话框，选择我们设置好的陷印预设值，选择需要陷印的页数，单击"确定"按钮完成陷印。

5）PageMaker 中提供一种对整版文字和图形进行自动陷印的功能。执行"文件"→"陷印参数"命令，弹出"陷印参数"对话框，可以分别对"补漏白宽度"、"颜色步长阈值"、"中线阈值"、"文本点数"、"黑版限量"进行设置。

CorelDRAW、PageMaker 都不能对渐变对象以及导入的图像补漏白。

2.3.2　组版与拼大版

组版与拼大版是图文信息处理的最后环节，其目的是将文字和图形、图像信息组合到一张完整的页面上，所以又叫页面拼版。印刷拼版有 4 种方法，即单面式、双面式、横转式、翻转式。单面式：这种方式是指那些只需要印刷一个面的印刷品，如海报等，只需要印刷正面，而背面是不需要印刷的。双面式：俗称"底面版"，指正反两面都需要进行印刷的印刷品，如一些小宣传单、小幅海报、卡片等。关于横转式和翻转式就是我们常称的自翻版。

自翻版：就是双面印刷共用一套版，翻纸不换版。自翻版又分为左右自翻版（横转式）和上下自翻版（翻转式）两种，弄清两种自翻版首先要清楚胶印机的纸张走向。不管胶印机的规格为多大，都会以纸的长边为进纸方向。左右自翻版就是顺走纸方向左右翻转纸张，上下自翻版就是顺走纸方向上下翻转纸张。例如16开、正常8开印刷品在拼四开、对开版时，永远是左右自翻版（如图2-18所示）。而长条8开在拼四开版时是上下自翻版，拼对开是左右自翻版（如图2-19所示）。

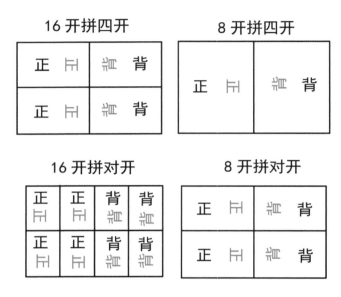

图 2-18　拼版（一）

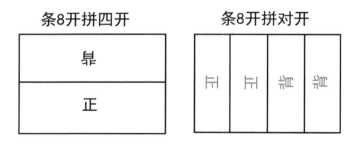

图 2-19　拼版（二）

自翻版的作用：当印刷品尺寸小于印刷幅面时可以采取自翻版印刷，双面印刷共用一套版达到省版的效果。

自翻版的缺点：翻纸不换版，必须等一面干了再接着印另一面，耽误时间。正反版印刷则可以卸版印其他印刷品，等干了再来印反面。

印前图片制备的注意事项：现输出中心大部份采用方正栅格（pspnt）网点分色输出系统，也有一些采用哈利昆或是以色列的赛天使等系统。但其都有一个相同点，支持 PostScript 打印机描述文件，也就是后缀名为 .ps 的文件。目前较流行的设计软件：Photoshop、PageMaker、CorelDARW、Illustrator 等都支持 PS 打印。而像方正书版、维思、飞腾等一些方正软件所生成的 s2、ps2、ps 文件，只能用

pspnt 输出，其他输出系统不支持。其他还有一些像 Word、WPS 2000 等一些文字处理软件，理论上同样可以生成 ps 文件，并且可以输出菲林，但实际上印前输出都要进行诸如拼版、加套准规线、裁切线等一些处理，而 Word、WPS 2000 等软件在这方面可以说是无能为力，特别是彩色稿，一旦做好后，再去后期加工，将会给印前输出工作人员带来极大的困难。所以，尽量选用 PageMaker 等一系列专业设计、排版软件。

2.4　印后加工处理

将经过印刷的承印物加工成人们所需要的形式或符合使用性能的生产过程，叫做印后加工。主要过程包括装订、印品的表面整饰。

2.4.1　书刊装订工艺

1. 书刊装订工艺的演进

书刊装订经过简和策、卷轴装、经折装、旋风装、蝴蝶装、包背装、线装本的演变过程。

简和策：是我国最早的读物。公元前，人们把文字写在狭长的木片上，称为木简，写在竹片上称为竹简，统称为简，如现今的"页"。把文字写在较宽的竹茎、木板上，称为牍。将简或牍用丝、草或藤编排串连起来，就成为一篇文章，称为策，策的含义与现今的"册"相似。策是我国最早的书籍装订形式，如图 2-20 所示。

卷轴装：以前写在丝绸织物上的书，称为缣帛或帛书，帛书可以依文章的长短剪裁下来。卷成一卷，称为卷装；或把上下两边粘在木轴的表面，卷成一卷，就成为一篇完整的文章或图面，称为卷轴装，收藏时卷起来，阅读时可将挂线扣在墙上，轴拉着帛书摊平。如文章很长，可以分成多卷，现在有的书籍称"上卷"、"第一卷"等是由卷轴装延伸出来的，卷轴装具有我国民族独特的艺术风格，如图 2-21 所示。

图 2-20　简和策

图 2-21　卷轴装

经折装：卷轴装帧的文章，在阅读、加工和保存时不太方便，便产生了折本形式。经折装帧就是将一张长幅的书页按一定的规格，向左右反复折叠成一个长方形的册子，再在其前后两面裱上硬纸板作为封面和封底，阅读时只要把它拉开就成为一本书的形式。这种装帧最初用于佛教经典，故叫经折装，如图 2-22 所示。

图 2-22　经折装

旋风装：旋风装是中国古代图书的装订形式之一，亦称"旋风叶"、"龙鳞装"。唐代中叶已有此种形式。其形式是：长纸作底，首叶全裱穿于卷首，自次叶起，鳞次向左裱贴于底卷上。其特点是便于翻阅，利于保护书叶。因为缺乏足够的资料，关于旋风装的形式，现在学术界还没有统一的看法，一种意见认为，旋风装是将经折装的书再用一张纸一半把书的第一叶粘起来，另一半把书的最后一叶粘起来，整张纸把书的第一叶和最后一叶连同书背一起包起来；另一种意见认为，旋风装是抄书时，先一叶一叶的抄写，然后再依次序像鱼鳞一样一叶一叶地粘在一张卷轴式的底纸上，收卷时，书叶依次朝一个方向旋转，宛如旋风，所以又称为旋风卷子，如图 2-23 和图 2-24 所示。

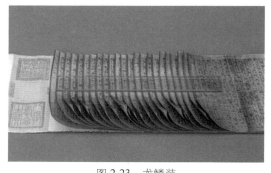

图 2-23　龙鳞装

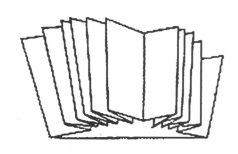

图 2-24　旋风装

蝴蝶装：将印有图文的纸页对折，再把折缝粘连在预制好的订口条上，形成一本书籍，这是散页装订的最初形式。蝴蝶装是印刷史上第一次把散页的折缝集中在一边，形成订口而成册。由于蝴蝶装在锁线时，线是串在拼贴条上的，所以在书页的折缝中间没有线缝，并且在翻阅时可以摊得很平，便于阅读。现在重要的地图集、精美的画册等，仍有采用这种装订方式的。蝴蝶装的书页，适合于单面印刷，图文向里对折，现在地图集中采用正面印双页图，背面印文字说明或印用色较少的单面图的蝴蝶装，使正面双页图展开平整，如图 2-25 所示。

包背装：将书页背对背地正折起来，使有文字的一面向外，版口作为书口，然后将书页的两边粘在书脊上，再用纸捻穿订，最后用整张的书衣绕背包裹。由于包背装的书口向外，竖放会磨损书口，所以包背装图书一般是平放在书架上。这样的装订方式称为包背装，包背装其实是线装本的前身，如图 2-26 所示。

线装本：将单面印好的书页白面向里，图文朝外对折，经配页排好书码后，朝折缝边撞齐，使书边标记整齐，并切齐打洞、用纸捻串牢，再用线按不同的格式穿起来，最后在封面上贴以签条，印好书根字（即书名），成为线装书，如图 2-27 所示。

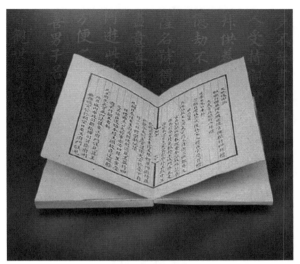

图 2-25　蝴蝶装

图 2-26　包背装

图 2-27　线装本

2．书刊装订的流程

书刊装订的流程为：制书帖→制书芯→包封面→三面裁切→检查、包装。

3．平装工艺

（1）平装是书刊装订中应用最多的装订方法。一般用纸质较软的封面，以齐口为多。工艺简单，成本低廉。

（2）平装有常规平订、塑料线烫订和无线胶订三种工艺流程。

常规平订流程：印张→折页→配页→铁丝平订、无线胶订、锁线订→包封面→压平→切书→成品。

塑料线烫订流程：折页机进行最后一折之前，以类似骑马订的穿线原理，在每一书帖的最后一折缝上，从里向外穿出一根特制塑料线，穿好的塑料线被切断后，两端（两订脚）向外形成书帖外订脚，然后在订脚处加热，使一订脚塑料线熔化并与书帖折缝粘合（另一订脚留在外面准备与其他书帖粘联），再经配页、包封面、烫背、压紧成型后，各帖之间的另一订脚互相粘连牢固的订在书背上。

无线胶订流程：配页→进本→铣背、打毛→上侧胶、上书背胶→包封面→成型胶冷却→双联分切、裁切→成品检查→包装贴标识。

4．精装工艺

精装书的装订工艺分为：书芯的制作和加工、书壳的制作和套壳三大工序。

（1）书芯的制作。

精装书芯的制作过程一部分与平装书装订工艺过程相同，包括：裁切、折页、配帖、锁线与切书几个步骤。在完成这些工作以后，应该进行精装书芯特有的加工过程，其加工过程与书芯的结构有关。

精装书籍书芯的装帧形式分为：圆背有脊 a、圆背无脊 b、方背无脊 c 三种，如图 2-28 所示。

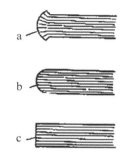

图 2-28　精装书籍书芯的装帧形式

书芯为圆背有脊形式，可在平装书芯的基础上，经压平→刷胶→干燥→裁切→扒圆→起脊→刷胶→粘纱布→刷胶→粘堵头布、书脊纸→干燥等步骤完成。

方背书芯不需要扒圆，无脊的不用起脊，但有些加工如刷胶、贴纱布、贴堵头布、贴书脊纸等是基本相同的。

1）压平。

压平的作用主要是排除页与页之间的空气，使书芯结实平服，提高书籍的装订质量。书籍的装帧不同，压平要求也不同，精装书的压力可以轻些，特别是圆背书芯，这样有利于扒圆的加工。

2）刷胶。

刷胶使书芯达到基本定型，在下个工序加工时书帖不会发生相互移动，书芯刷胶可分为手工刷胶和机械刷胶两种。刷胶时胶料应比较稀薄。

3）裁切。

经刷胶基本干燥后，进行裁切，成为光本书芯。

4）扒圆。

书芯由平背加工成圆背的工艺过程称为扒圆，圆背书芯都必须经过扒圆，扒圆后使整本书的书帖能互相错开，便于翻阅，提高书芯的牢固程度与书芯同书壳的连接程度。扒圆分人工扒圆和机械扒圆两种。

5）起脊。

书籍的前后封面与书背的连接处称为节脊。真脊是利用书背上下两边的变形弧度高出于书芯，在书背与环衬连线边缘作成沟槽，其作沟槽的工艺叫起脊，脊高一般与封面纸厚度相同。起脊的加工也分人工和机械两种。人工起脊称为敲脊，机械起脊称为轧脊。

6）脊材料加工。

脊材料加工是书芯的加固工作，使书背和书脊挺括、牢固、外形美观坚实。加工内容有：刷胶、粘书签带，书签带长一般取封面对角线的长度。

（2）书壳的制作。

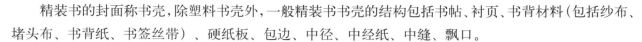

　　精装书的封面称书壳,除塑料书壳外,一般精装书书壳的结构包括书帖、衬页、书背材料(包括纱布、堵头布、书背纸、书签丝带）、硬纸板、包边、中径、中经纸、中缝、飘口。

　　(3) 套壳。

　　把书芯和书壳连接在一起的工作叫套壳,此工作可以手工进行也可以机器进行。先在书槽部分刷胶,然后将书壳套在书芯上,使书槽与书芯的脊粘贴牢固,再在书芯的衬页上刷胶使书壳与书芯牢固平服。硬封精装书刊的前后封面与背脊连接的部位有一条书槽,作用是保护书芯不变形,造型美观,翻阅方便,后工压槽用铜线压在上下书槽中,用加压成型法。压槽完毕后,精装书刊加工结束,如有护封,则包上护封即可包装出厂。精装装订工序多,工艺复杂,用手工操作时操作人员多、装订速度慢、效率低。目前采用精装装订自动线,能将经锁线或无线胶订的书芯进行连续自动地流水加工,最后成品输出,大大加快了装订的速度,提高了工效。自动线能完成书芯供应、书芯压平、刷胶烘干,书芯压紧、三面裁切、书芯扒圆起脊、书芯刷胶粘纱布、粘卡纸和堵头布、上书壳、压槽成型、书本输出等一套完整的精装装订工作。

　　5. 线装书的装订工艺

　　线装书的工艺装程为:理料→折页→配页→检查理齐→压平→齐栏→打眼穿纸钉→粘封面→配本册、切书→包角→复口→打眼穿线订书→ 粘签条→印书根。

　　6. 几种常见的书籍装订方式

　　常见的书籍装订方式有:骑马订、铁丝平订、无线胶订、锁线订 4 种。如图 2-29 所示。

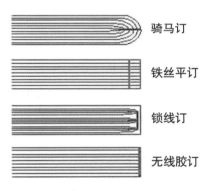

图 2-29　常见装订方式

　　(1) 骑马订:在骑马配页订书机上,把书帖和封面套合后跨骑在订书架上,将铁丝从书刊的书脊折缝外面穿进里面,用两个铁丝钉扣订牢称为骑马订。

　　骑马订的特点:方法简单、工艺流程短、出书速度快;用铁丝穿订,用料少、成本低;书本容易开合,翻阅方便,但在使用过程中封面易从铁丝订连处脱落,不易保存。所以骑马订装订方法常用于装订保存时间比较短的杂志、期刊和小册子之类的书籍。又因骑马订采用套帖法,产品的厚度受到一定限制,一般最多只能装订 100 页左右的书刊。

　　骑马订装订书刊的工艺流程:印张→折页→搭页→订书→切书→成品。

　　(2) 铁丝平订:将书帖按三眼钉同样的操作方法,配成书芯后,用铰丝订书机将铁丝穿过订口的书芯,并在书芯的背后弯曲,把书芯订牢,再包上封面,三边切光,就成为书籍。这种装订方式称为铁丝平订。用铁丝订书籍,因铁丝容易生锈,故容易损坏书籍。

　　(3) 无线胶订:是一种从出书到完成不用铁丝,不用线,而用胶粘合书芯的装订方法。

（4）锁线订：是一种用线将配好的书册按顺序逐帖在最后一折缝上，将书册订联锁紧的连接方法。锁线形式有平锁和交叉锁两种。锁线订用途广，适合精装、平装和豪华装等各种加工，牢固易保存。

7. 折页

将印张按照页码顺序折叠成书刊开本大小的帖子，将大幅面印张按照要求折成一定规格的小幅面，这个过程称为折页。折成几折后成为多张页的一沓，称为书帖。折页是印刷工业的一道必要工序，印刷机印出的大幅面纸张必须经过折页才能形成产品，如报纸、书籍、杂志、样本广告等。

（1）折页的方法分手工折页和机器折页两种。

手工折页：用手工把印完的印张按页码顺序和规定的幅面折成书帖，称为手工折页。随着装订机械化程度的提高，手工折页在书刊印刷厂中用得越来越少，目前只有印数较少的书籍、零头书页、尾数补救、返修，还有一些特殊折法的书帖要用手工来完成。手工折页的工具为一张折页台和一根折页板。根据试折的情况，将印页摆好，然后进行二折、三折、四折。折好一帖后，要检查页码顺序是否准确，页码和折缝是否齐整，折成书帖的折标是否居中在折缝上等，然后将折好的书帖撞齐并捆扎。

机器折页：机器折页是把待折的印张，按照页码顺序和规定的幅面，用机器折叠成书帖。目前常用的折页机都是由给纸装置、折页机构和收帖机构三个部分组成。给纸装置主要是担负着分离和输送纸张的任务，能准确地将印刷页输送到折页部分。折页机构是将给纸装置输送来的印刷页按开本的幅面，依页码顺序折叠成书帖。

（2）折页的方式：平行折、垂直折、混合折 3 种，其中又分为正折、反折、单联折、双联折等。

1）平行折页：像请柬那样，折线相互平行，展开后顺着同一个方向排列页面，这就是平行折页。平行折页法有三种折叠形式：包心折（也称卷筒折或连续折），即按照书刊幅面大小顺着页码连续向前折叠，折第二折时，把第一折的页码夹在书帖的中间，所以称为包心折。包心折一般常用于折叠 6 面／帖的零头页，如图 2-30 所示；翻身折（也称扇形折或经折），即按页码顺序折好第一折后，将书页翻身，再向相反方向顺着页码折第二折，依次反复折叠成一帖。翻身折一般用于长条 8 面／帖的折页，如图 2-31 所示；双对折，即按页码顺序对折后，第二折仍然向前对折。双对折也一般用于长条 8 面／帖的折页，如图 2-32 所示。

2）垂直折页：就像我们平时把一张纸折成小方块那样，在一个方向上折一次，把它旋转 90°再折一次，以后每一次折叠的方向都和上一次垂直，这就是垂直折页。这是最常见的折页法，书刊内文用大纸印刷好以后折成小页，就是用这种方法。折页机像我们的手一样懂得把折过的纸旋转90°后再折，但不是随便折多少次都可以的，厚纸折多了会让页面对不齐，一般来说薄于 59 克／平方米的纸最多折四折，60~80 克／平方米的纸最多折三折，超过 81 克／平方米的厚纸最多折二折。我们在拼版时会遇到这个问题：采用 100 克胶版纸印画册，每一帖里最多可以有多少页，这和折叠的次数有关系。

3）混合折页：对同一张纸既有平行折页又有垂直折页，这就是混合折页。书刊内文和插页有时采用这种特殊的折页法。设计师常常需要在电脑上标出折叠的位置，画出一些短线段，指向将来的折线，而且这些短线段不能影响画面，它们会被输出到胶片中，被晒到印版上，最后出现在印刷品上。如果没有这些标记，印刷厂的工人可能就搞不清应该在哪里折，或者他们凭经验确定的折线与设计意图有出入。如图 2-33 所示。

图 2-30　包心折页

图 2-31　扇形折页

图 2-32　双对折页

图 2-33　混合折页

8．配页

（1）配页又叫做配帖，是指将书帖或单张书页顺序配集成书册的工序。配页工序是书刊装订的第二大工序。大张印页经折页工序变成了所需幅面的书帖。

（2）配页方式：套配法和叠配法。

套配法：用于骑马订装订的杂志或较薄的本、册。

叠配法：按照各个书帖的页码顺序叠加在一起，适合较厚的书芯。大部分书籍都是用叠配法进行的。

配帖时不能有缺帖、多帖或前后颠倒，为了帮助配帖和检查配帖可能发生的错误，在印刷时，每一印张的帖脊处，按帖序印上一个小黑方块称为折标，通过配帖，书脊上就形成明显的阶梯状的检查标记，检查时只要发现梯档不成顺序，就可发觉有误而及时纠正。

2.4.2　表面整饰加工

在书籍封皮或其他印刷品上，进行上光、覆膜、模切、压痕、电化铝烫印、凹凸压印等加工处理，叫做表面整饰。

1. 上光

（1）在印刷品表面涂上（或喷、印）一层无色透明涂料，干后起保护及增加印刷品光泽的作用，这一加工过程叫做上光。

（2）上光是使印刷品更加美观，同时具有防潮、防热、耐晒的效果。一般使用在书籍的封面、插画、挂历、商标装潢等。特点是上光后的书籍封面不会卷曲上翘；可以生物降解，不产生二次污染；能联机上光，提高加工精度和速度；能进行特殊效果的处理，比如珠光、布纹、雪花效果等。

（3）上光材料：UV 上光涂料、水性上光涂料、压光涂料。如图 2-34 和图 2-35 所示。

图 2-34　UV 工艺名片

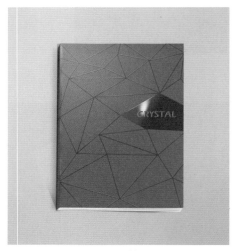

图 2-35　UV 工艺书籍封面

2. 覆膜

（1）将聚丙烯等塑料薄膜覆盖于印刷品表面，并采用粘合剂加热、加压使之粘合在一起的加工过程叫做覆膜，如图 2-36 所示。根据所用工艺可分为即涂膜、预涂膜两种，根据薄膜材料的不同分为亮光膜、亚光膜两种。

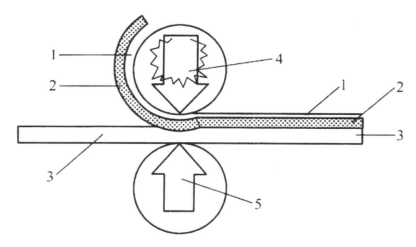

1 －塑料薄膜；2 －胶粘剂；3 －纸印刷品；4 －热压辊；5 －硅胶压力辊

图 2-36　覆膜技术

（2）覆膜的作用：覆膜可以让印刷品表面更加平滑、光亮、耐污、耐水、耐磨，书刊封面的色彩更加鲜艳夺目、不易被损坏，印刷品的耐磨性、耐折性、抗拉性和耐湿性都得到了很大程度的加强，保护了各类印刷品的外观效果，提高了使用寿命。

（3）覆膜环境的要求：湿度 60% ～ 70%；干燥温度 50 ～ 70℃；复合温度：70 ～ 90℃。

（4）覆膜用塑料薄膜的保存：防止物理损坏、损伤；保存场所注意通风、防干燥、防潮湿、防止灰尘；应按期使用。

（5）影响覆膜质量的主要因素：印刷品墨层对覆膜质量的影响包括墨层厚度、油墨冲淡剂的作用、燥油的加放、喷粉、金、银墨印刷品、印刷品墨层的干燥状况等方面；环境因素对覆膜的影响包括空气洁净度和相对湿度两方面。

3．模切与压痕

（1）模切就是用模切刀根据产品设计要求的图样组合成模切版，在压力作用下，将印刷品或其他材料切成所需形状和切痕的成型工艺。压痕是利用压线刀或压线模，通过压力在板材上压出线痕，以便板料能按预定位置进行弯折成型。如图 2-37 所示。

图 2-37　折卡

（2）模切与压痕工艺流程：上版→调整压力→确定规矩→粘塞橡皮→试压模切→正式模切→整理清废→成品检查→点数包装。

（3）模切原理：模压前，需先根据产品设计要求，用钢刀（即模切刀）和铜线（即压痕刀）或钢模排成模切压痕版（简称模压版），将模压版装到模压机切压痕版，将模压版装到模压机在压力作用下，将纸板坯料轧切成型并压出折叠线或其他模纹。

4．电化铝烫印

随着社会的进步和人民生活水平的提高，人们对书籍刊物、包装、印刷品提出了更高的要求，对印刷色彩不仅需要光谱色彩，还需要更为高级的金属色彩。

（1）电化铝烫印是一种不用油墨的特种印刷工艺，它是借助一定的压力与温度，运用装在烫印机上的模版，使印刷品和烫印箔在短时间内相互受压，将金属箔或颜料箔按烫印模版的图文转印到被烫印刷品表面，俗称烫金。

（2）电化铝箔组成：电化铝烫印箔，一般由五层不同材料组成，从反面到正面依次为基膜层（也称片基）、隔离层（也称脱离层）、保护层（又称颜色层）、铝层和粘胶层。

（3）电化铝箔材的分类：就其颜色品种而言，以金属最为普通，另有银色、大红色、桔红色、蓝色、绿色、棕红色、淡金墨色、黑色等。

（4）烫印机的类型及特点：烫印机就是将烫印材料经过热压转印到印刷品上的机械设备。烫印设备按烫印方式分：平压平、圆压平和圆压圆3种烫印机，按自动化程度分有手动、半自动、全自动3种，根据整机形式的不同，烫印机又有立式和卧式之分。

（5）电化铝烫印工艺：电化铝烫印是利用热压转移的原理，将铝层转印到承印物表面。在一定温度和压力作用下，热溶性的有机硅树脂脱落层和粘合剂受热熔化，有机硅树脂熔化后，其粘结力减小，铝层与基膜层剥离，热敏粘合剂将铝层粘接在烫印材料上，带有色料的粘层就呈现在烫印材料的表面。如图2-38至图2-41所示。

图2-38 电化铝烫印工艺书籍

图2-39 多色套烫工艺书籍封面

图2-40 烫金工艺名片

图2-41 烫金工艺扑克包装

5. 凹凸压印

（1）凹凸压印又称压凸纹印刷，是印刷品表面装饰加工中一种特殊的加工技术，它使用凹凸模具，在一定的压力作用下，使印刷品基材发生塑性变形，从而对印刷品表面进行艺术加工。压印的各种凸状图文和花纹显示出深浅不同的纹样，具有明显的浮雕感，增强了印刷品的立体感和艺术感染力。如图2-42和图2-43所示。

（2）凹凸压印印版制作：凹凸压印工艺需要制作两块印版，一块为凹版，一块为凸版，并要求两版有很好的配合精度。

（3）工艺方法：凹凸压印根据最终加工效果的不同，一般常用的方法有 4 种：单层凸纹、多层凸纹、凸纹清压、凸纹套压。

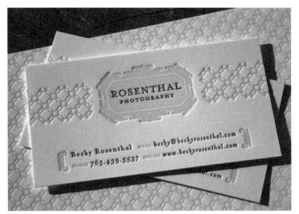

图 2-42　凹凸工艺名片（一）

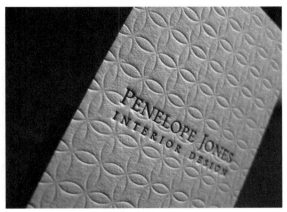

图 2-43　凹凸工艺名片（二）

2.5　案例分析——图像处理

雪景图片层次调整

在 Photoshop 中最适合对点阵位图的图片进行图像色阶调整。使用 Adobe Photoshop 的"色阶"命令，能够使昏暗、缺乏对比度的图片焕然一新，可通过调整图像的暗调、中间调和高光等强度级别，校正图像的色调范围和色彩平衡。Photoshop 的色阶调整主要有 3 个调整点，即通常所说的黑场、白场及灰场的调整。

（1）在 Photoshop 中打开图像。执行菜单栏"文件"→"打开"命令，或者在灰色的工作区双击打开图像。

（2）创建一个新的色阶调整图层。如图 2-44 所示图片大面积的雪景太亮，层次感很弱。高光处 CMYK 数值小于 5，在印刷中会丢失很多色彩，因此需要对图像进行色阶的调整。执行"图层"→"新调整图层"→"色阶"命令，然后在弹出的"新图层"对话框中单击"好"按钮。也可以通过执行"图像"→"调整"→"色阶"命令创建。

使用调整图层时，是单独的图层上应用色调校正，原始图像保持不变。优点是如果更改后不满意，可以随时更改它们或完全扔掉调整图层并返回到原始图像。"色阶"对话框中显示的峰状图是一种用于评估图像色调的工具。峰状图用图形表示图像的每个颜色强度级别的像素数量，以展示像素在图像中的分布情况。这可以显示图像在暗调（显示在峰状图左边部分）、中间调（显示在峰状图中间部分）和高光（显示在峰状图右边部分）中包含的细节是否足以在图像中创建良好的总体对比度。

（3）调整色阶。在"色阶"对话框峰状图中可以看到，图表左侧部分有大量空白，说明照片中缺少黑场。接下来移动峰状图下面的黑色小三角形往右侧拖动一点。图片的白色已经很多了，所以就不用调整白场，接下来调整灰场。灰场可以使照片更有层次感，向右侧移动峰状图下的灰色小三角形，调整出画面灰色层次。

（4）应用色阶调整。单击"好"命令，完成操作。如图 2-45 所示。

图 2-44　调整前图像

图 2-45　调整后图像

2.6　作品点评

　　如图 2-46 所示的画面以深蓝色为主色，白色为辅助色，另一辅助色天蓝色令白色与深蓝色反差不易过大，起到调和的目的。白色有增强整个画面的视觉感使之更醒目的作用。天蓝色给人一种很宁静的心理感受。它是最具凉爽、清新特征的色彩。与白色混合时，能体现柔顺、淡雅、浪漫的气氛。深蓝色是沉稳的且较常用的色调。能给人稳重、冷静、严谨、冷漠、深沉、成熟的心理感受。它主要用于营造安稳、可靠、略带有神秘色彩的氛围。主色调选择深蓝色，配以白色和天蓝背景为辅助色，画面响亮、干净，给人庄重、充实的印象。人物肤色偏暖色，与蓝色形成对比；背景蓝天层次丰富，明度较高；人物服装整体偏暗，纯度低，与画面右边的深蓝色楼梯呼应，在明度、纯度上略有不同。蓝天、人物服装、楼梯三者空间层次感强，色阶分明。图片画面强烈、刺激，源于明度、纯度和微妙的冷暖变化配色，体现出现代都市张扬时尚的气息。

图 2-46　Marciano 品牌招贴

2.7　课后实训

　　1．运用所学知识对如图 2-47 所示的图片进行分析，并说明在这幅书籍封面设计中都运用了什么印刷工艺？

图 2-47　书籍封面

2．运用所学知识思考如图 2-48 所示的作品中运用了哪些工艺处理？

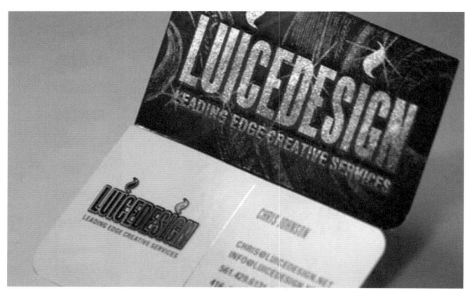

图 2-48　名片设计

03

版式设计

第3章 版式设计

3.1 版式设计

　　文字、图片、粗细不等的线条，支离破碎的空间；切割与重组，解构与承袭，自由与创造；这就是版式设计的元素与魅力。像所有时尚前沿的事物一样，版式设计也是伴随着印刷这一古老的工艺而不断成长变化的。而在各种新技术层出不穷，各种媒体不断交融的今天，版式设计不单是一种艺术文化的形式，它更是一种思想状态的呈现。

　　版式设计是一门结合了理性分析与感性审美的综合艺术，是印前的重要设计准备，是印刷出版物版面设计的点睛之笔。版式设计的最终目的在于更好地传递信息，只有做到主题鲜明、重点突出、一目了然，并且具有独特的个性，才能达到版式设计的最终目标。

3.1.1　版式设计的概念

　　所谓版式设计，就是将有限的视觉元素在版面上进行有机的排列组合，将理性的思维个性化地表现出来。它是一种具有个人风格和艺术特色的视觉传达方式，在传达信息的同时也产生感官上的美感。其中包括信息的整理、版面变化的添加、重点内容的突出、个性的建立、设计技巧的运用及颜色的搭配等内容。版面设计的涉及面也十分广泛，从车站或街道上看到的海报到报纸、杂志、包装、宣传手册、网页、明信片等平面设计的各个领域，如图 3-1 和图 3-2 所示。

3.1.2　版式设计的意义

　　现在我们可以清晰地认识到版式设计对于印刷品来说是非常重要的，所以版式设计的意义就在于设计者通过对想要传达的信息进行正确地整理，通过视觉化的手段，以版面特有的魅力吸引读者，传达信息。同时让读者通过版面的阅读产生美的遐想与共鸣，让设计师的观点与涵养能够进入读者的心灵，如图 3-3 和图 3-4 所示。

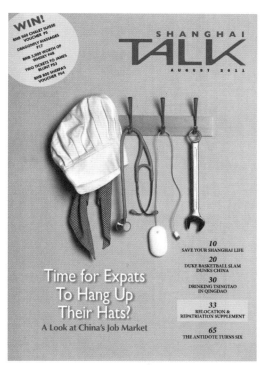

图 3-1　书籍封面设计

图 3-2　书籍内页设计

图 3-3　杂志内页设计

图 3-4　广告设计

3.2　版式设计的原理

版面中的各个组成元素可以互相参照、调整比例，从而达到理想的版面效果。

3.2.1　进行信息的整理

在进行版式设计之前，要理解设计的意图，然后根据设计意图提取要素，正确地布置每一个构成元素。根据提取的主要内容来确定版面的风格和结构，不同的内容其版式设计的风格也是迥异的，如图 3-5 至图 3-8 所示。

- C'est curieux:
Plus je suis mince
plus il est lourd.

· AVEC, ON EST MIEUX QUE SANS ·

图 3-5　广告设计

图 3-6　CD 封套设计

图 3-7　杂志内页设计

图 3-8　报纸设计

3.2.2　调整版面利用率

印刷品的版面可以既美观又科学合理的利用，对于印刷品来说非常重要，一方面可以节省成本，另一方面也达到了吸引读者的效果。不同的版面的利用情况，也会给读者以不同的感官效果。如图 3-9 所示，该广告设计四周留白较多，主图和文字占画面的较小部分，给人以精致、高级的感觉。如图 3-10 所示，该杂志内页设计左右两边采用接近满版图片，纯色空余处运用少量文字填充，给人以饱满充实的感觉。

3.2.3　根据设计元素整理版面

版面的设计应该是有条理的，在设计中可以把感到整齐有条理的同类要素贴近配置，如图 3-11 所示。把设计中的元素按合理的顺序安排，让读者感觉整齐有序，使读者更容易找到需要的信息。看懂设计所要表达的主题。在设计中巧妙的留白也是非常必要的，留白并不是多出来的空间，而是有意识地安排，如图 3-12 所示，该广告设计大面积的留白，给人新颖别致的感觉。如图 3-13 所示，该网页有意的留白设计，则给人规整透气的感觉。

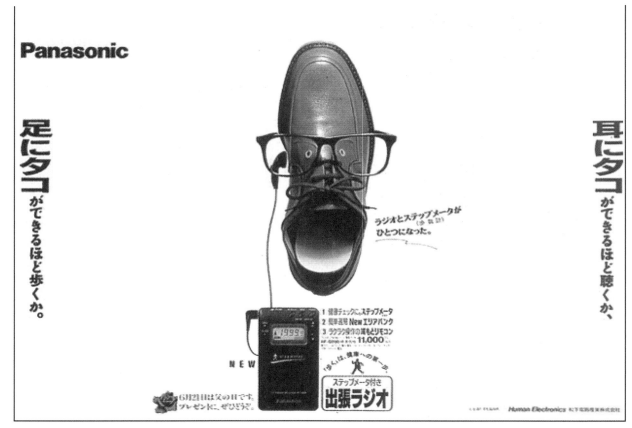

图 3-9 四周留白较多的广告设计

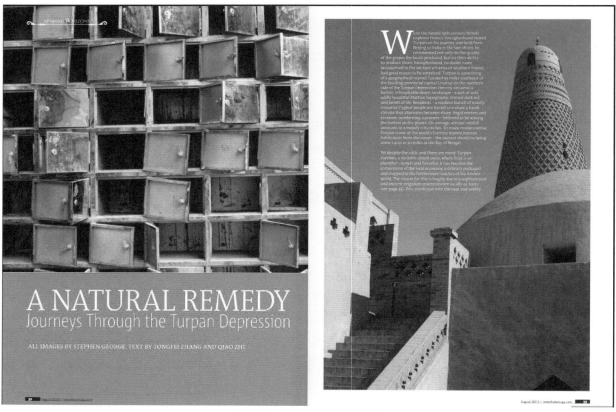

图 3-10 饱满的杂志内页设计

图 3-11　同类要素贴近处理的版面设计

图 3-12　新颖别致的广告留白设计

图 3-13　规整透气的网页留白设计

3.3　版式设计的视觉流程与设计程序

3.3.1　版式设计的视觉流程

版式设计中的视觉流程主要是在设计中采用不同的形式引导读者的视线，使视线随着版面中的各元素沿着一定的轨迹运动的过程。

1. 单项视觉流程

单项视觉流程是按照常规的视觉流程规律来引导读者的视觉走向，是一种符合人们的视觉习惯的设计形式。它是一种最简单、普遍的、最容易掌握的流程方法，有简洁强烈的视觉效果。其常见的形式有横向视觉流程、纵向视觉流程和斜向视觉流程，如图 3-14 至图 3-16 所示。

图 3-14　横向视觉流程式

图 3-15　纵向视觉流程式

图 3-16　斜向视觉流程式

2．设置重心视觉流程

　　编排版式时，标题、正文、图片、色块等，不同构成要素都有各自的分量。由于其分量的不同，在版面中会形成视觉重心。视觉重心是版面最吸引人的地方，也是人们观看版面时，视线最终停留的位置。视觉重心具有稳定版面的效果，给人以信赖的心理感受。当视觉重心处在版面的不同位置时，会给读者带来不同的感受。所以在进行设计时，要依据各要素的分量更好地均衡编排。如图 3-17 所示，该版面左侧腿部是视觉重心，人物舒展的腿部造型给人优美的感觉，并将视线引向插图及产品。如图 3-18 所示，该版面左下方的人物是整个版面的视觉重心，并将视线引向文字和产品。

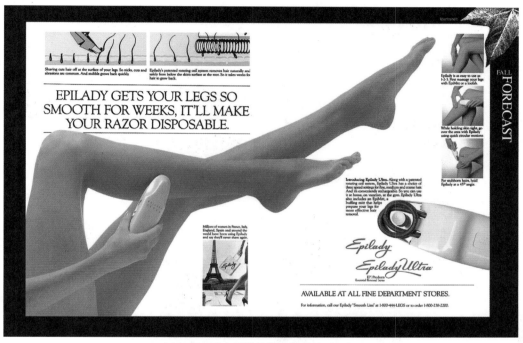

图 3-17　重心视觉流程广告设计（一）

图 3-18　重心视觉流程广告设计（二）

3．散点视觉流程

面对以散点式排列的图形和文字的版面，我们的视线也会随着版面中的各元素做自由的移动，呈现出自由、轻快的感觉，这便是散点视觉流程。我们看似随意，其实这正是版面设计者刻意追求的轻松随意、慢节奏的视觉效果。散点视觉流程可分为发散型和打散型。发散型具有一定的方向和规律，版面中存在发散中心，所有元素都向中心集中或散开，具有强烈的视觉效果。打散型就是把一个完整的东西分成若干部分，重新排列组合，形成新的形态效果，如图 3-19 所示。

图 3-19　散点视觉流程杂志内页设计

3.3.2　版式设计的设计程序

1．明确设计主题

当我们接到设计项目时，首先要明确设计主题，根据主题选择合适的设计元素，并考虑采用的表现形式。只有明确了设计项目的主题，才能为准确、合理地进行版式设计做好准备，如图 3-20 至图 3-22 所示。

2．收集素材

收集用于表达信息的素材，包括文字、图片、图像等所有有助于表达信息的素材，并对所收集到的素材进行信息的分析和整理，提炼出真正设计所需的精华，如图 3-23 所示为搜集的美国冰淇淋品牌产品图片素材，包括各种形式的图片，如摄影写实的、插画形式的、卡通形象的等。

图 3-20 包装设计

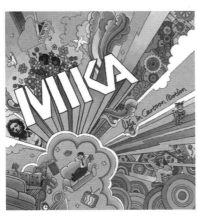

图 3-21 CD 封套设计　　　　　　　　　图 3-22 手表海报设计

图 3-23　搜集的美国冰淇淋品牌产品图片素材

3．草图绘制

绘制草图的过程其实就是我们思考的过程，可先在纸上绘制多个版面结构的草图，再确定版面的比例和构图形式，然后在版面上安排整个版面的结构。可以先确定几种适合版面内容的结构形式，尝试编排去粗取精。

4．电脑制作

我们从绘制的草图中，选择较好的设计方案，根据草图样式制作标准的版式结构图，将搜集的图片与文字编排在版面中使版面效果和谐统一，达到传递信息的目的，如图 3-24 所示为美国冰淇淋品牌杂志内页广告设计，版面文字和图片安排均衡舒适，层次分明，主题突出，色彩对比强烈，给人轻松活泼的感觉。

图 3-24　美国冰淇淋品牌杂志内页版式设计

3.4　版式设计的构图元素

版式设计的构图元素主要是以点、线、面构成的。它们是构成其他图像和形象的基础，每一种元素都有它们自己的特性，所以我们需要了解它们才能设计出新颖的版面。

3.4.1　点的构成与编排方式

在很多设计作品中，我们都能找到点的存在，它可以起到点缀和装饰版面的作用。不同的点的构成方式会形成不同的视觉效果。如点的密集型编排，即把众多的点按一定规律疏密有致地排列混合，或聚或散的构图形式，如图 3-25 所示为两张以点的密集型编排的广告设计，一张形成阵列式编排给人整齐有序的感觉，另一张汇聚式编排给人一种自由随意的舒适感。

另外，点的编排和组合方式多种多样，给人带来的感受也是层出不穷。点既可以作为画面的主体也可以和其他构成元素组合编排，可以点缀、平衡、活跃画面的氛围。在版式设计中，要考虑到点的数量、分布和位置，点处于画面不同的位置会给画面带来不同的效果。

如图 3-26 所示，该广告设计中的点起到了点缀装饰的作用，使画面更具动感和活力。如图 3-27 所示，画面中的紫色花朵既点缀了画面，又带给人一种温馨的氛围，似乎散发着一种淡淡的清香。

图 3-25　以点的形式构成的广告设计

图 3-26　具有点缀装饰意味的点的设计

图 3-27　充满温馨气氛的点的设计

3.4.2　线的构成与编排方式

线是由点的运动而得到的，是一种延伸的动式，所以线有一种强烈的动感。另外，线比点更具情感特征，对心理的影响更为强烈。如图 3-28 和图 3-29 所示，在版面的编排上，线具有引导、装饰、组合版面以及分割版面中各构成元素的作用。

　　线在版面中的编排，可以依据线的情感、节奏、空间进行，进而形成不同的效果，如图 3-30 至图 3-32 所示。

图 3-28　线对版面的分割组合设计（一）

图 3-29　线对版面的分割组合设计（二）

图 3-30　线引导视线的广告设计

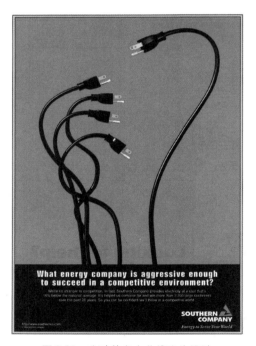

图 3-31　生动的自由曲线广告设计

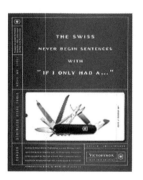

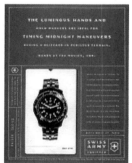

图 3-32　线对版面分割的广告设计

3.4.3　面的构成与编排方式

面相对于点和线来说，它具有长度和宽度，但是没有厚度。可以理解为线的密集移动的轨迹形成面，也可以理解为点的放大、集中或重复。它在空间中占有的面积最多，具有量感和实在感，因此，在视觉上面比点和线具有更强的视觉冲击力，如图 3-33 和图 3-34 所示。

图 3-33 运用文字的密集排列形成的面 图 3-34 面编排使杂志页面更具吸引力

面和点、线一样，不同的面会给人带来不同的视觉感受，面主要分为几何形和自由形两大类，如图 3-35 所示是几何形面编排的杂志页面，给人以规则、平稳、较为理性的视觉效果。如图 3-36 所示是自由形面编排的杂志页面，这种手撕的面更富于个性，传达着自然、随性、亲切的感性特征，也更具新奇的创意感。

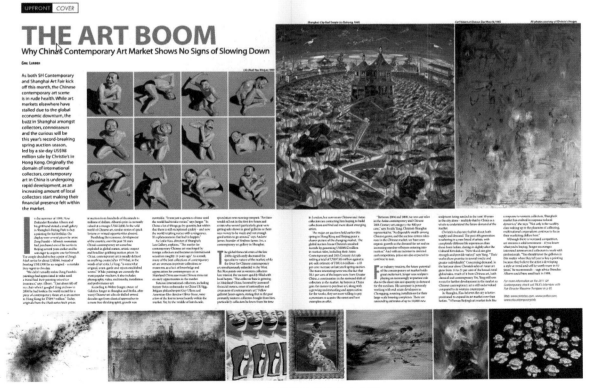

图 3-35 几何形面编排的杂志页面

图 3-36　自由形面编排的杂志页面

　　面在版面的编排上，可以进行面的分割，也可以根据不同面体现的情感进行版面设计，如图 3-37 所示，该版面利用色块和图片将版面进行分割，形成稳重规整的视觉效果。如图 3-38 所示，该版面利用满版图片将读者带入温馨的充满亲情的情境中。

图 3-37　面对版面分割的广告设计

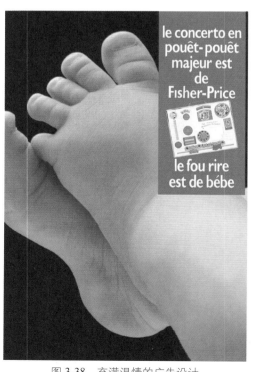

图 3-38　充满温情的广告设计

3.5 版式设计的构成理论

理想的版式都会选择一个科学合理的构图样式，准确地安排版式比例，这对于版式设计来说非常重要。不同的构图形式会给人带来不同的感觉，并且会产生各具特色的画面效果。

3.5.1 版式设计的构图样式

1. 标准式

这种形式是最常见的版面编排形式，一般从上到下的顺序为：图片、标题、说明文字、标志图形。标准式的构图样式，图片和标题是吸引读者的关键，可以引导读者阅读说明性文字和标志图，这种自上而下的阅读顺序符合人们认识事物的心理和逻辑顺序，故能获得较好的阅读效果，达到信息传播的目的，如图 3-39 和图 3-40 所示。

图 3-39 标准式报纸版面设计

图 3-40 标准式杂志内页设计

2. 满版式

将图片铺满整个版面，用满版式来充斥读者的视觉神经。这种版面最大的特点是充分发挥了图片的作用，表现力强且直观明了。如图 3-41 所示，该版面使用了满版的人物图片，视觉冲击力很强，非常直观。如图 3-42 所示是一活动场景图片采用满版的版面设计，以最直观的视角向读者展示了活动现场的氛围，明确设计主题。如图 3-43 所示是旅游杂志的内页设计，该版面采用满版的风景图片，使人感觉身临其境，透出静逸而神秘的色彩。如图 3-44 所示，该广告设计使用满版的羊群图片，结合羊群中的狼这种特异的形式，使画面既充满创意又极具视觉冲击力。

图 3-41　满版式杂志内页设计（一）

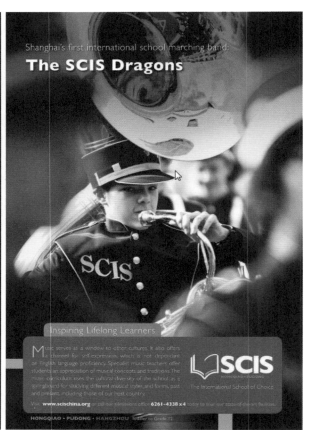

图 3-42　满版式杂志内页设计（二）

图 3-43　满版式旅游杂志内页设计

图 3-44　满版式产品宣传海报设计

3. 倾斜式

为了强调动感，给读者内心带来强烈的视觉冲击力，可将整个版面或内容采用倾斜的方式进行设计。倾斜式版面设计使画面产生不平衡的状态，来吸引读者的注意进而增强版面的活力。如图 3-45 和图 3-46 所示广告设计都采用倾斜式的构图，既富于节奏又充满活力。

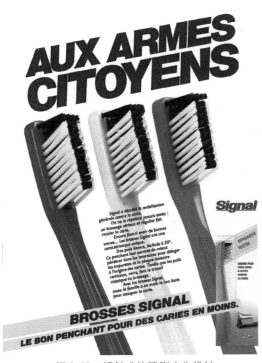

图 3-45　倾斜式的牙刷广告设计

图 3-46　倾斜式的泳装广告设计

4. 定位式

这种构图形式是以版面中的主体元素为中心进行定位，其他元素都围绕着这个中心对其进行补充、说明和扩展，进一步深化和突出主题，以达到明确传达主要信息的目的，达到宣传的效果。如图 3-47 所示，该海报的主体是右下角的产品，整个版面以此定位，其他的文字和图片都是用来说明和烘托该产品的，达到了有效宣传该产品的目的。如图 3-48 所示是一则人物专访，该版面右上角的人物是整个版面的中心，周围的图片和文字都是对该人物的介绍和补充说明，版面整体信息明确。

图 3-47 定位式的护肤品广告设计　　　　图 3-48 定位式的杂志内页设计

5. 对角式

对角式的构图是指版面中的主要元素处于版面的对角线上，形成相对的态势，可以是右上角与左下角，或者左上角与右下角。读者阅读时，视线处于两对角之间，给人不稳定的感觉，视觉冲击力较强，形成了相互呼应的视觉效果，如图 3-49 和图 3-50 所示。

图 3-49 对角式的化妆品广告设计　　　　图 3-50 对角式的产品广告设计

6. 曲线式

曲线式设计是根据柔和的曲线形态塑造版面内容，以流畅的线条增强整个版面的律动感。图 3-51 和图 3-52 同样都采用 S 型曲线式的构图形式，却产生各不相同的画面效果，图 3-51 增强了画面由远及近的空间律动感。如图 3-52 所示龙卷风似的画面效果，给人超强的速度感和视觉冲击。

图 3-51　曲线式的广告设计（一）

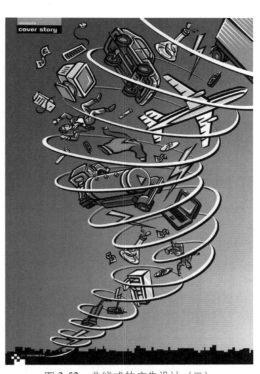

图 3-52　曲线式的广告设计（二）

7. 自由式

自由个性的版式设计颇具特色，最能给人一种眼前一亮的感觉。通过较为自由的构图形式，表现一种独特的创意来吸引读者。如图 3-53 所示杂志页面采用自由式构图，图片和文字看似轻松的随意摆放，实际采用管道式的曲线把构图要素串联起来，形成整体统一的视觉效果，同时也突显了版面的个性特征。

图 3-53　自由式的杂志内页版面设计

3.5.2 常见的构图比例

1. 对称比例

对称是版面的中心线或中心点的两边或四周出现相似的内容。对称是表现平衡的完美形态，表现力的均衡。对称呈现一种安静平和的美，给人一种有序、庄严肃穆的感觉，但也容易给人一种呆板的印象。如图 3-54 所示，该杂志的封面采用左右对称的两个人物，形成一种对话的状态，既表现了版面的平衡美，又切合杂志的主题。如图 3-55 所示，该广告采用对称的比例形式，版面中基本对称的蔬果摆放，使画面形成了一个极具装饰感的边框，增加了整个版面的装饰意味，也更能突出中心文字。

图 3-54　对称比例的杂志封面设计

图 3-55　对称比例的广告设计

2. 版面的大小比例确定主次

在版面设计中，图片、文字各自所占版面的大小比例，表现出内容的主次关系及信息的重要性，直接影响着读者阅读接受的顺序，根据其不同的大小赋予其形式的变化。如图 3-56 所示，该杂志内页版面中的元素没有占满整个版面，空白比较多但图片占有较大的比例，形成时尚的视觉效果。如图 3-57 所示，整个版面安排较饱满，文章的内容和图片占据了大部分面积。文章的标题与正文的字号差距较大，形成强烈对比，使整个版面的主次关系非常明确，读者阅读起来也会感觉清晰流畅。

3. 黄金比例

自古以来人们就感受到自然之美，并无意识地模仿那些形态，进而创造了绘画、建筑等的技法。所谓黄金比例，就是由那些无意识的美感构筑而成的"美的方程式"。黄金定律在设计中应用较为广泛，是指将版面中的元素分成两部分，其比例是 1:1.618，是最容易引起视觉美感的比例。如图 3-58 和图 3-59 所示。

图 3-56　时尚杂志内页设计

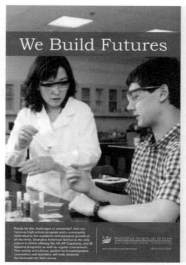

图 3-57　生活类杂志内页设计

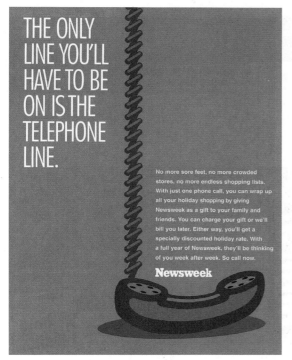

图 3-58　黄金比例的海报设计

图 3-59　黄金比例的汽车广告设计

4. 从四边到中心

版面的中心与四周相辅相成，利用四周和版面中心的结构，可以使版面形成丰富的视觉效果，中心点的处理也可使画面水平和垂直方向上居中平衡。如图 3-60 和图 3-61 所示。

5. 对比和平衡

对比的手法最大的作用是使画面产生动感，富有生气。平衡是指根据力的重心，将版面中各元素加以重新配置和调整，从而达到平衡、稳定的效果。如图 3-62 所示为香水广告设计，其构图比例采用对比和平衡的形式，版面中的人物和香水、左右的竖排文字编排，使画面达到力的均衡，给人舒服的视觉感受。如图 3-63 所示为电子表广告设计，版面中右边手表图像和左边文字编排达到平衡，版面下方品牌名称、标志居中排列和线条运用也起到了有效稳定画面的作用。

图 3-60 产品广告设计

图 3-61 城市周报杂志封面设计

图 3-62 香水广告设计

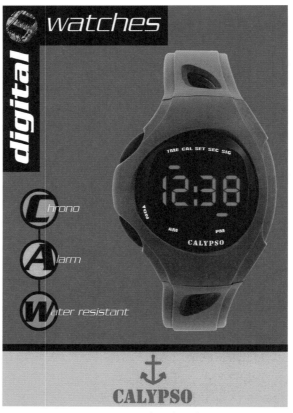

图 3-63 手表广告设计

6．突破传统型

打破人们习以为常的版面编排形式，以富有个性的、新颖的版面呈现，表现出较为自由的感觉，也更富吸引力。如图 3-64 所示为婴儿产品广告设计，版面设计打破了传统的规矩形式，儿童图片随意裁切，自由围绕版面中心文字摆放，突出主题。如图 3-65 所示产品广告设计文字和图片穿插，层叠排列，形成丰富的版面层次，极具现代感。

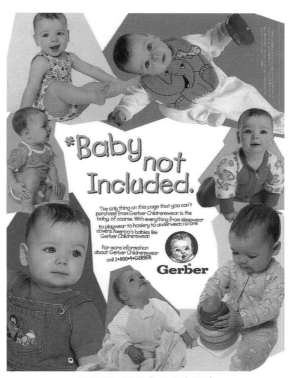

图 3-64　婴儿产品广告设计

图 3-65　产品广告设计

3.6 案例分析——版式设计

3.5 节中我们对版式设计中的构图样式、常见的构图比例等理论知识进行了深入讲解。下面通过对几组版式设计案例中的构图样式的分析来进一步理解所学习的知识点。

3.6.1 24 小时海报版式设计分析

24 小时海报是一组城市旅游推广设计，主要展现 24 小时各个不同城市的多彩生活。城市包括澳大利亚墨尔本、俄罗斯莫斯科、西班牙巴塞罗那等。如图 3-66 和图 3-67 所示，该组海报版面采用色彩丰富的插画为主要构成元素，使版面的形式感极强。版面中图形都采用每一个城市最有代表性的建筑、动植物、交通工具、娱乐活动、运动项目等来表现城市特色。采用满版式构图样式，使画面层次丰富、构图饱满。主题文字包围在图形之中，放置于版面的重要位置，突出主题。版面色数较多，色调鲜艳明亮，符合主题。版面整体设计感较强，插画的形式增强了版面的感染力，给人活泼生动、热闹、色彩缤纷的视觉感受。

图 3-66 24 小时海报版式设计（一）

图 3-67　24 小时海报版式设计（二）

3.6.2　Adidas 网页版式设计分析

　　阿迪达斯（Adidas）是德国运动用品制造商，是 Adidas AG 集团公司的成员公司。阿迪达斯品牌的前身在 1920 年于德国赫佐格奥拉赫（Herzogenaurach）开始生产鞋类产品。目前阿迪达斯旗下拥有三大系列：运动表现系列、运动传统系列和运动时尚系列。

　　如图 3-68 所示，该网页的版面设计构图元素以点线面结合的形式编排，主要以面的编排为主，运用几何形编排整个页面给人以规则、平稳，较为理性的视觉效果。同时结合线的分割形式，把整个版面分割成三个部分，上下两条黑色色带首尾呼应，很好的起到了线的装饰、分割版面的作用，也使版面中部主题及产品得以突出展示。在图片的面积及位置的安排上，主题图片占用较大的面积和重要的最能吸引视线的上半部位置，其他产品及说明性的文字和图片分别占用了较小的面积和相对次要的位置，这样整个版面就达到了主次分明，主题突出，条理清楚的效果。网页形成了规整严谨的设计风格，给人深沉、稳重、可靠的感受，增强消费者的信赖感。

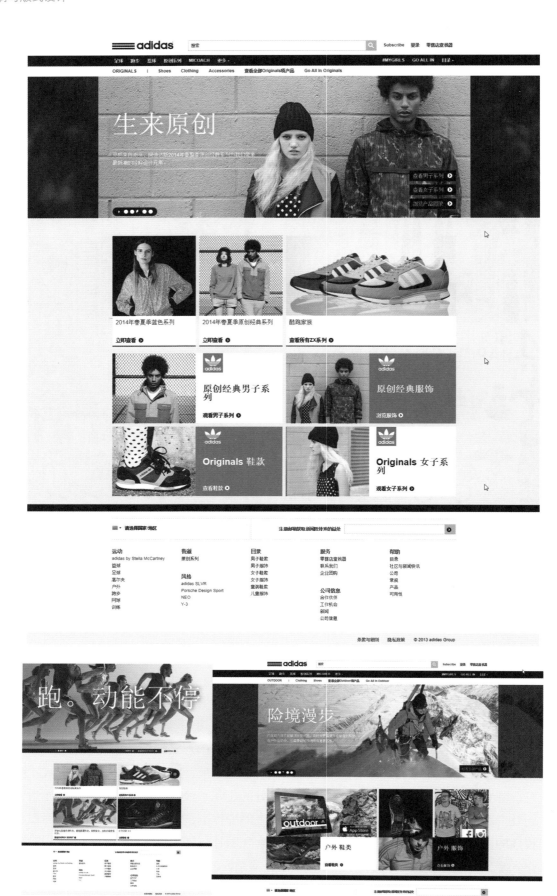

图 3-68　Adidas 网页版式设计

3.7　作品点评

3.7.1　麦当劳早餐招贴版式设计

如图 3-69 所示为麦当劳早餐招贴版式设计，其创意点为：原来我们每天早晨起来的第一个动作——打哈欠是要吃早餐的节奏啊，那就赶紧洗漱去麦当劳好好吃一顿吧。这组招贴采用我们常见竖版开本，版面中并没有出现麦当劳的产品实物，而是以我们熟知的早晨起床温馨的生活场景为版面图片，以起床打哈欠的动作瞬间作为主要素材进行满版编排，拉近了与消费者的距离，使版面视觉冲击力较强。版面右上角的文字和右下角的麦当劳品牌标志上下呼应，具有稳定版面的效果，图像与文字达到力的均衡。整体给人风趣、幽默、亲切、生动、均衡、可信赖的感觉。

图 3-69　麦当劳早餐招贴版式设计

3.7.2　SPIN! Neapolitan 比萨名片版式设计

SPIN! Neapolitan 比萨是意大利著名的披萨餐厅，主营披萨。如图 3-70 所示为 SPIN! Neapolitan 比萨餐厅的名片设计，设计采用传统的横版构图，采用古朴典雅的风格，突显意大利的传统工艺美食悠久的历史。版面整体编排采用文字与图片相结合的形式，以披萨、红酒、餐叉插图形式作为主要构图元素，符合餐厅设计主题，给人非常直观明了的印象。加上右侧动感的曲线装饰，与古朴的插图形成静动结合的对比效果。右上角的品牌名称，采用粗壮的字体和冷色系的蓝紫色，与整个版面的暖色调形成强烈的对比，更突显其重要性。版面右侧一定的留白处理，增强版面透气感，给人舒服的感觉。版面安排层次分明、主题突出。给人古朴、典雅、精致、可信赖的感觉。

图 3-70　SPIN! Neapolitan 披萨餐厅名片设计

3.8　课后实训

1．对儿童培训机构网站进行版式设计。

儿童读物一般给人的印象都是色彩艳丽，构图样式轻松活泼，给人丰富多彩的感觉。

创意思路：在网站设计上应该有较为丰富的色彩配置，符合儿童的设计主题。在版面构图样式的选择上，应该贴近儿童的心理，整个版面应该给人活泼、生动、热闹的感受，充分调动儿童阅读的兴趣。参考作品如图 3-71 所示。

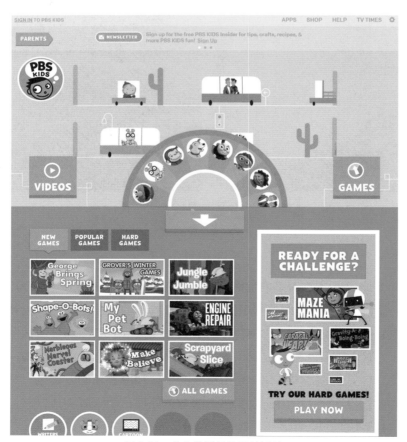

图 3-71　儿童培训机构网站设计

2．对快餐厅名片进行设计。

餐饮业名片一般设计形式是简洁而条理清楚，设计风格与餐厅格调和谐一致。

创意思路：设计时应突显餐厅特色，设计语言直观明了，注意版面构成元素的合理编排，版面构图样式的选择应该符合快餐行业的设计主题，突出其服务周到、快捷、方便的特性，给人温暖、亲切、干净、健康、有食欲、可信赖的感受。参考作品如图 3-72 所示。

图 3-72　餐饮业名片设计

4

图片的编排处理

第4章　图片的编排处理

4.1　图片处理的要素

图片是信息传递的主要途径，图片能够直观地表达设计主题，也更具视觉冲击力。图片是版式设计的关键，版式会因图片处理效果的不同而变化。

4.1.1　考虑图片是说明性的还是形象化的

在版面设计过程中，常常会出现不同性质的图片，一种是说明性的图片，用来说明产品的功能及使用方法等，还有一种是形象化的，主要是用来突出主题、传递信息，是版式设计的主要组成部分。不同性质的图片所采取的处理方法也是不一样的。在版式设计的时候，首先要考虑处理的图片是说明性的图片还是形象化的图片，说明性的图片必须简洁、直观，不需要扩大和修剪局部，若图片数量很多可以考虑使用网格系统，以免版式上说明性的图片过于杂乱。另一方面，形象化的图片作为版式设计的主要组成部分，设计版式时最好将图片放置在最先映入眼帘的位置。这样能更好地发挥图片信息传递的作用，如图4-1所示为形象化的图片，在整个广告版面中占有较大的面积，人物放置在视觉焦点上，突显其重要性。如图4-2所示为杂志目录设计，其中的图片都属于说明性的图片，采用简洁的网格系统排列，给人直观、条理清楚的印象。

4.1.2　裁切、去除背景、修剪等功能的运用

图像处理中有裁切、去除背景、修剪等方法。根据处理的方法不同，版式所呈现的效果也不同。一般情况下裁切能够增加图像的张力，去除背景能够酝酿可爱的感觉，修剪则可达到提高图像独立性的感觉。

裁切的作用之一就是可以截取图片中的某一部分。这样可以减少图片多余的信息量，裁切留下的部分可以起到局部放大的效果，这样更容易集中展示所要表达的内容，有效地吸引读者的视线。也可以通过裁切的方法调整图像的位置，这样可以弥补拍摄效果的不足，达到版面需要的效果。通过裁切还可以删除多余的图像，在我们拍摄照片的时候，经常会出现一些偶然的状况，比如突然驶过的车辆、走过的路人进入了我们拍摄的画面当中，此时就可以通过裁切来删除掉画面中不需要的多余信息来完善照片的效果。但裁切时应注意不要裁切过度，以免损害了画面中有用的信息。

图 4-1　运用形象化图片的海报设计

图 4-2　运用说明性图片的杂志内页

　　修剪是处理图片的常用方法，一方面可以提高图像的独立性，另一方面可以使图像更加符合版面的需要，提高图像的美感。

　　如图 4-3 和图 4-4 为采用了去除背景图像的杂志内页设计和广告设计，版面看起来更加轻松自由，沿图形文字的排列形式，增强了画面节奏感。如图 4-5 所示为裁切前后图片的效果对比，裁切后图片中的形象被局部放大，更加突出了所要展示的内容。如图 4-6 所示为裁切多余图像前后的效果对比，增强了人物的独立性，完善了照片的效果。

图 4-3　运用去除背景图片的杂志内页设计

图 4-4　运用去除背景图片的广告设计

图 4-5　裁切前后图片效果对比

图 4-6　裁切多余图像前后效果对比

4.1.3　突出图像的诉求内容

　　版式设计的类型很多，有中规中矩的、动感活泼的、丰富多变的、留白较多的、意味深长的等类型。决定版式的类型，通常在草稿阶段就要先决定拍摄的内容、图像处理的方法，重点是突出图像的诉求内容。例如是突出视觉冲击力，还是呈现可爱感，抑或是强调图像的跳动感等，如图 4-7 所示是突出视觉冲击力的海报设计，采用电脑技术处理，给人意想不到的新奇感。如图 4-8 所示是突出可爱感的海报设计，采用漫画式的人物，单纯的色彩，带我们回到童真年代，感觉无比亲切。

图 4-7 突出视觉冲击力的海报设计

图 4-8 可爱的漫画形式的海报设计

4.2 图片的组合编排

4.2.1 图片数量对阅读兴趣的影响

在版式设计中，图片数量的多少可影响到读者的阅读兴趣。如果版面采用一张图片，那么，其质量就决定着人们对它的印象，往往这是显示出格调高雅的视觉效果的根本保证。增加一张图片，就变为较为活跃的版面了，同时也就出现了对比的格局。图片增加到三张以上就能营造出较为热闹的氛围了，非常适合普及的、热闹的和新闻性强的读物。有了多张图片就有了浏览的余地，图片数量的多少，并不是设计者的随心所欲，而是根据版面的内容来精心安排的。

如图 4-9 所示，该杂志内页的编排整版都是以文字的形式出现，趋于理性的版面安排，给人感觉缺乏生趣，版面看起来较为呆板，有可能会大大降低读者阅读的兴趣。如图 4-10 所示，该版面整版以图片的形式为主，且多数为人物图片，版面安排饱满又富于变化，同时也营造出了一种热闹的氛围，大大调动了读者阅读的兴趣。如图 4-11 所示，该版面采用文字与图片结合的形式，文字和图片所占版面的比例比较接近，既有文字的详细介绍，又配以适当的图片说明，给人条理清楚而舒服的感觉。

4.2.2 图片的组合方式

图片的组合就是把数张图片安排在同一版面中，它包括块状组合与散点组合。块状组合强调了图片与图片之间的直线、垂直线或水平线的分割，文字与图片的相对独立，使组合后的图片整体大方，富于理智的秩序化条理。散点组合突出版面的轻松随意排列，形成疏密不均、似无章法的组合，给人自由多变的视觉感受，如图 4-12 和图 4-13 所示。

不一般的"杂家"

在马金明眼中，人力资源管理是一门"技术加艺术"的学科，与其叫管理学，不如说是一门可以定量分析的技术学科。在马金明就读大学的九十年代，很少有高等院校开设人力资源管理专业，甚至有人一听"人力资源管理"还以为跟"人口管理、计划生育"相关联，当时国内专业教材缺乏，只得引进国外原版复印件，但数量有限，这也使得马金明有机会去学习其他的专业知识，误打误撞成为一名"杂家"。

大学毕业后，马金明加盟富士康成为一名人事专员。两个月后，开始走上讲台讲授人力资源的专业课程，"当时很紧张，但是又觉得充满希望。"每次培训后，员工的积极反馈让马金明觉得很受尊重和鼓舞。在富士康冠短两年时间，马金明很快熟悉了人力资源管理的各个模块，"这段经历让我得到了锻炼，为以后的工作打下了良好的基础。不能说在富士康俱有负责新闻就离大众否定它、拖怨它，作为自己的启蒙雇主，更是一份感恩之心。"

2001 年，在猎头的撮合下，马金明加盟了爱普生，从此就再没离开过。最初，公司主要的管理规章制度都是由日语翻译而来，宜译使用难免会"水土不服"。马金明初生牛犊不怕虎，决定去啃这个硬骨头！尽管资历缺乏，但他克服了许多阻力，埋头苦干，用了大约 3 年时间理顺了各项规章制度，为各项新度体系构建奠定了坚实的基础。

现在，作为一家世界 500 强企业的人力资源负责人，马金明认为这一路走来，兴趣是最好的老师，他形容自己已是得了"HR 职业病"，对人力资源管理保持着浓厚的兴趣和高度的职业敏感，无论是看电视、听新闻，甚至看广告，马金明总是不由自主和人力资源的相关方面联系起来，可以说，管理这事儿渗透到他的生活和血液中去。

革新才有生命力

日资企业的精细化管理和产品质量控制往往为人们津津乐道，唯尊是从、团队精神和职位工资序列分明是重要的文化特色。但是，按年龄、资历等论资排辈的终身雇佣制也容易导致组织臃肿，人员臆胀等劳务成本的问题。马金明是如何克服这个难题呢？

2006 年，马金明主导构建公司的"资格职务分离制度"，明确资格等级制度和职务任免制度。年龄、资历等个人因素不能和工作能力划等号，也不代表高的资格等级；职务任免组织行为，不能因为人员的年龄、资历提升增加了组织的负担和负扣。这一举措使得公司在中国大陆延续了 20 多年的人事管理制度发生了根本性的变化。2009 年，人力资源部又进行了管理部的"岗位制度"改革，岗位为标准计算薪酬标准，只要通过评价值与相同岗位、同等级别，在工资待遇上就应该平等。

"我喜欢挑战与变革，人力资源管理意味着内外环境、法规制度、人员结构以及每位员工的心理活动和需求等都处于不断变化中。像很好营业员天天处理相同的事，这不是我喜欢的方式。"马金明认为"变革"是鞭赶自己巨裂逃的动力，提出新的解决办法酿能体现出自己的价值。但是，事情要取得成功光靠自己一腔情愿是不行的，各项变革都需要公司其它部门的配合和支持才行，这样才可以将自己的主意转化为公司的意志，才能使自己的改革方案真正落到实处。

马金明把其它兄弟部门看成是自己的伙伴，积极引导"其他部门管理者成为 HR"，把人力资源部定位于"以生产为中心的服务部门"，为经营层当好参谋、提供好支持。马金明坚持"下一工序是上一工序的客户"这一理念，人力资源部的客户就是公司全体员工，以这种服务对方、尊重客户的心态，人力资源部门推行新政策自然风风水水。

数据会说话

在很多人眼中，总是把精细化管理和日资企业联系起来。"确实如此，对数据庞大的公司员工，无论是绩效考核、薪资制定，还是晋升通道的设计，最忌讳模棱两可、主观性的判断标准。"马金明笑言，他的"利器"就是用数据说话，在具体工作中用具体的数据为自己的推理、论证、决策做支撑。

图 4-9　整版文字的杂志内页设计

图 4-10　整版图片的杂志内页设计

图 4-11　图文结合的杂志内页设计

图 4-12　块状组合的杂志内页设计

图 4-13　散点组合的杂志内页设计

4.3　图片的大小及位置调整

4.3.1　正确安排图片的面积

图片的面积大小的安排，直接关系到版面的视觉传达。一般情况下，把那些重要的、吸引读者注意力的图片放大，从属的图片缩小，形成主次分明的格局，这是图片排版的基本原则。如图 4-14 所示，该杂志内页设计中左边的人物图片放大，占据了整个版面的大部分面积，使读者了解到人物是这个栏目的主要信息。如图 4-15 所示是现今 adidas 的网页设计，该版面中把带有"生来原创"字样的图片放置在版面中最重要位置，占据了较大的面积，使读者一目了然，了解到原创是这个版面的设计主题。

图 4-14　family 杂志内页设计

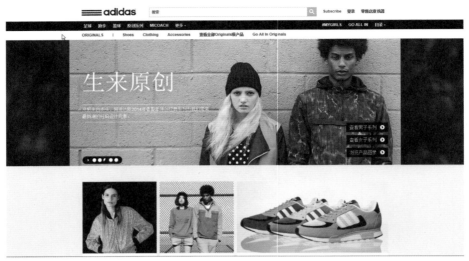

图 4-15　adidas 网页设计

4.3.2　调整图片的位置

图片放置的位置，直接关系到版面的构图布局。版面的上下左右及对角线的四角都是视线的焦点，在这些焦点上恰到好处地安排图片，版面的视觉冲击力就会明显地表露出来。编排中有效地控制住这些点，可使版面变得清晰、简洁而富于条理，如图 4-16 所示为杂志内页设计，该内页设计一共采用了五张大小类似的图片，其中四张放置在版面的上半部，另外一张放在版面左下角的位置，与其他图片较远，这样更容易引起读者的关注。如图 4-17 所示为一艺术杂志的内页设计，该内页设计一共采用八张同样大小的图片，其中七张图片正常排列在整个版面的下半部，另一张图片从图片的队伍中出来，安排在上半部的位置，形成了特异的效果，增强了版面的平衡感和艺术性，使版面设计更加突显个性特点，符合艺术类杂志的设计主题。

图 4-16　杂志内页设计

图 4-17　艺术杂志内页设计

4.3.3　出血图片的运用

出血图片即图片充满整个版面而不露出边框，这是图片排版的一种常用方式。这种图片的处理通常情况下都会将图片的四周多留出 3mm，以避免后期裁切不当造成图片偏小而露出页底的白色，从而影响了版面的整体效果。一些重要的图片希望更加引起读者注意的时候，可以采用出血处理，这样会使图片更加具有延展性和富于张力，同时页面也会显得更加宽阔。需要注意的是图片中的重要内容不能放置在订口处，以免装订时有可能对其进行破坏影响了读者阅读。如图 4-18 和图 4-19 所示。

图 4-18　IKEA 宣传册插画设计

图 4-19　中国国家旅游杂志内页设计

4.4 图片的外形及方向对版面的影响

图片的外形大致可分为几何形和自然形。几何形图片更加规整，自然形更加随性自然。不同外形的图片，直接决定着版式的编排风格，也会给读者不同的感官刺激。

4.4.1 方形图与圆形图的编排

方形图片，即图片以直线边框来规范和限制，是一种最常见、最简洁、最单纯的形态。方形图片将主体形象与环境共融，完整地传达主题思想，富有情节性，善于渲染气氛。配置方形图片的版面有稳重、严谨和静止感。圆形图片在保持了图片外轮廓的同时，削弱了方形四角的锐利感，呈现出更加圆润、柔和的印象。如图 4-20 和图 4-21 所示。

图 4-20　方形图编排的杂志内页设计

4.4.2 去底图的使用

图片大多以矩形的形状在版面中出现，难免使读者感到呆板。去底图的使用就解决了这一问题，使画面活泼而富有生气。去底图是将图片中的具体图形的外轮廓进行抠图，去除背景和不需要的部分。这样的处理方式更加灵活，使图片具有动感，如图 4-22 和图 4-23 所示。

图 4-21　圆形图编排的杂志内页

图 4-22　使用去底图的广告设计（一）

图 4-23　使用去底图的广告设计（二）

4.4.3　图片的方向编排

　　图片中物体的造型、运动的趋势、人物的动作、面部的朝向以及视线的方向等，都可以使读者感受到图片的方向性。图片方向的强弱，可造成版面行之有效的视觉攻势。方向感强则动势强，产生视觉感应就强。反之则会平淡无奇。合理掌控图片的方向性，可以引导读者视线的流动方向，如图 4-24 所示是酒类产品广告设计，该版面中倾倒的酒瓶流出的液体的流动方向成为视线的引导方向。如图 4-25 所示是儿童食品广告设计，版面中有待于翻滚的儿童形象成为整个图片的动势方向，把读者的视线引向产品，有效传达了产品信息。如图 4-26 所示，该广告人物脸部的朝向成为版面的方向，引导读者阅读。如图 4-27 所示，该版面中人物的眼神则成为整个版面的方向标。

图 4-24　酒类产品广告设计

图 4-25　儿童食品广告设计

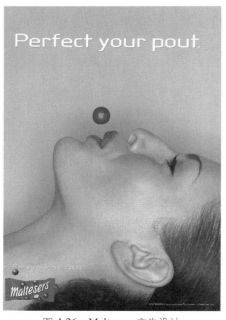

图 4-26　Maltesers 广告设计

图 4-27　Levi's 广告设计

4.5　案例分析——版式设计分析

　　4.3 节和 4.4 节中我们对版式设计中图片的大小、位置、出血图片的处理、图片的方向编排等理论知识进行了深入讲解。下面通过一组杂志及网页版式设计中图片的编排分析来进一步理解所学习的知识点。

4.5.1　伦敦设计指南画册版式设计分析

如图 4-28 所示为伦敦设计指南画册的封面设计，该封面设计采用自由式的构图形式，主要的构成元素为点、线、面相结合，采用抽象的几何图形突出设计感和现代感。版面被图形划分为几个区域，每个区域由导引式的自由曲线相连接，形成自上而下的视觉流程。多数图形采用线的形式来表现，增强了版面的动感和节奏感。图形部分采用纯度较高的色彩与白色相搭配，形成明快的色调，冷暖色彩对比强烈。书籍的名称安排在重要的左上角的位置，形成视觉焦点，突出设计主题。整个版面采用的形式符合设计画册的设计主题。整体给人跳动、活泼、色彩明快、现代、别致的视觉效果。

如图 4-29 所示为伦敦设计指南画册内页设计，该版面采用满版式构图，具有较强的视觉冲击力，文字放置在版面的中心位置，采用白色的背景和鲜艳的图片背景形成强烈的对比，使文字部分更加醒目，编排形式采用左对齐的形式增强规整感。整体给人一种色彩对比强烈、层次清楚、主次分明、大胆、自由、刺激、视觉冲击力较强的印象。

图 4-28　伦敦设计指南画册封面设计

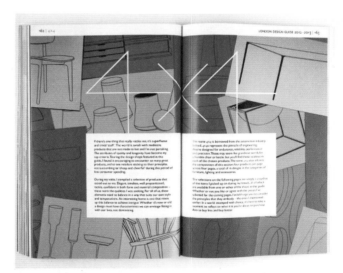

图 4-29　伦敦设计指南画册内页设计

4.5.2　SICARAT 品牌网页版式设计分析

SICARAT 品牌是瑞典著名装饰公司，主要从事室内设计和装修，为客户提供完整的解决方案，帮助客户得到理想的家居环境、工作环境、休闲及娱乐条件。

如图 4-30 和图 4-31 所示为 SICARAT 品牌公司网页界面设计，使用了灰色、白色作为版面的主要色彩，既清爽、干净又给人正式、专业、稳重的第一印象。彩色的图标、色彩丰富的装饰效果图片与背景颜色形成强烈对比，互相衬托，突出版面设计主题。选择和设计装修有关系的图案，包括房屋、梯子、刷子、漆桶等图案作为纹理装饰，使版面充满装饰意味和生活情趣，识别性强，突显公司的专业性质。版面的左上方是公司的名称和标识，进行了突出展示。版面左侧采用图标和文字结合的形式作为引导式图标，使读者阅读起来轻松、快捷、方便。版面上下的文字信息，采用左对齐的方式排列，版面中部以图文结合的方式进行编排，文字也统一使用了左对齐编排，与两边对齐的编排相比较，既规整又富于节奏变化。整个版面给人装饰性、现代、简洁、利落、亲切、可信赖的感觉。

图 4-30　SICARAT 品牌网页版式设计

图 4-31　SICARAT 品牌网页版式设计

4.5.3　RuTT Beer Brewery 啤酒品牌包装设计分析

如图 4-32 和图 4-33 所示为 RuTT Beer Brewery 啤酒品牌包装设计，该包装版式设计采用标准式构图形式，图片、文字、图标居中排列，形象突出。包装通体银灰色，与图片丰富的色彩形成鲜明的对比，形成较强的视觉冲击力。图片动物形象采用插画的处理形式，增强版面艺术效果和形象感染力。占有版面较大的面积和重要的中心位置，主题突出，形象鲜明。每个动物形象的拟人化表现形式，给人生动、亲切、有趣的视觉感受。不同的动物形象搭配不同的文字色彩，形成系列化包装。主题文字采用艺术字体与图片贴近处理，增强整体感。说明性文字和图标文字字号较小，上下呼应，增强版面稳定性和平衡感。

图 4-32　RuTT Beer Brewery 啤酒品牌包装设计

图 4-33　RuTT Beer Brewery 啤酒品牌包装设计

4.6　作品点评

　　如图 4-34 至图 4-36 所示为一个矩形再现所有经典影片系列海报设计，版面采用横版幅面，采用标准式的构图形式，图片和文字都居中排列，形成严谨规整的感觉。海报通过一个矩形再现了经典影片的一幕幕场景，勾起读者的内心深处的记忆，引起共鸣。每一张海报在基本构图形式不变的情况下，从颜色和装饰图形上进行细节的变化，使海报设计变得语言丰富而富于变化。文字色彩醒目、和谐统一，有较强的视觉冲击力。

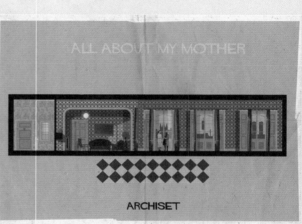

图 4-34　一个矩形再现所有经典影片海报设计（一）

图 4-35　一个矩形再现所有经典影片海报设计（二）

图 4-36　一个矩形再现所有经典影片海报设计（三）

　　如图 4-37 所示为报纸版式设计，该报纸采用竖版幅面，版面由绿色和黑色色带把版面分割成上下两个部分，形成清晰的层次。版面右上角的方形图板块对绿色色带的叠压处理，打破了版面过于规整的感觉，丰富了版面的编排形式。标题采用加粗的较大字号的字体，使主题更加突出鲜明。文字编排统一采用左对齐的形式，规整而富于节奏。图形采用手绘插画的形式，增强了亲切感；色彩以绿色和黑色为主，形成统一的色调，增强了整体感；黑白灰面积安排合理，增强了层次感。总体给人生动有趣、轻松诙谐、条理清楚、层次分明、专业、严谨、可信赖的感觉。

图 4-37　报纸版式设计

4.7　课后实训

1. 策划一个反对大气污染保护环境的公益招贴设计。

现今中国大部分城市被雾霾所笼罩，人们的身体健康受到极大的威胁，给出行带来众多不便，我们正在被大气污染所带来的环境问题所困扰，环境问题成为每一个社会成员亟待关注的问题。为保护我们的生活环境出一份力是每个公民不可推卸的责任。围绕这一主题设计一组保护环境的公益招贴。

创意思路：版面设计以图片为主要构成要素，设计时注意图片的面积处理及位置安排，充分突出设计主题。在设计时应该具有巧妙的创意、简洁的构图、强烈的颜色对比，这样才会使画面具有震撼力。但是，选择表现主题的角度可以更加深刻，细节才更能打动人。参考作品如图 4-38 所示。

图 4-38　反对大气污染公益海报设计

2. 设计一款活动宣传 DM 单（也称直接邮寄广告），DM 单主要以新颖的创意、富有吸引力的设计语言来吸引目标消费者，具有较强的针对性，可以将广告信息直接传递给消费者。

创意思路：DM 单的设计应熟悉掌握商品信息，了解消费者心理，确定设计形式。设计创意要新颖别致、印刷精美、主题口号响亮才能对消费者产生较强的诱惑力。参考作品如图 4-39 和图 4-40 所示。

图 4-39　戴尔活动宣传 DM 单设计

图 4-40　蓝带活动宣传 DM 单设计

5

版式设计中的文字与网格

第5章 版式设计中的文字与网格

　　文字是构成版式的重要元素，是人们交流和传达信息的主要手段。文字的大小、字体的样式和文字排列的疏密都直接影响着读者的阅读感受。

5.1 字体的选择

　　字体是指文字的风格款式。在版式设计中字体的选择非常重要，它可以反映出版式的内容和风格追求。一般的，文字可分为标题、小标题、前文、正文等。设计师要根据文字的内容和主次关系，采用合理的视觉流程进行编排，取得最佳的视觉效果。

　　常见的字体有黑体、宋体、综艺体等，如图 5-1 和图 5-2 所示。还有一些字体根据版式需要和比例尺寸可将字体做拉长或压扁等处理。

图 5-1　中文字体　　　　　　　　　图 5-2　英文字体

字体要选择与总体版面和文字内容相协调的。如图 5-3 和图 5-4 所示为多种字体的杂志内页版式设计，版面虽然采用了几种字体，但字体的选择和版面的内容却能达到协调统一，又能给人新颖别致的感觉。一般情况下，在一个版面中所运用的字体以 2 ～ 3 种为宜，特殊情况下不能超过 4 种。如果运用的字体种类过多，会造成版面的花乱，影响阅读。所以选择适宜的字体，适当控制字体的种类数量，对版面的设计尤为重要。好的版面设计既不会选择一种字体给人呆板的感觉，也不会过多选择不同种类的字体而影响阅读，会达到既统一又富于变化的层次丰富的效果。

图 5-3　多字体版式（一）

图 5-4　多字体版式（二）

5.2　文字的编排方式

文字在版面中的编排方式直接影响版面的最终效果，我们可以把文字排成线条或面的形式，也可以组合成某个具体的形状将文字图形化处理，使版面元素和谐统一。

5.2.1　文字编排的对齐方式

1．齐头齐尾式

每行字起头至结尾的长度是均等的，编排得整齐、庄重、严谨，但可能会有些单调，这时可采取一些手段，如将首行字体改变或字号变大，另外可以配写插图等，如图 5-5 和图 5-6 所示。

2．齐头散尾式、散头齐尾式

在编排时只考虑一端对齐，另一端放松，这样的编排显得既严谨又活泼，版面有张有弛、有实有虚，如图 5-7 和图 5-8 所示。

3．中央对齐式

字行的编排以中心为轴，向两边延伸，两边的文字字距相等。这样使视线更为集中，整体性加强，更能突出中心。中央对齐使整个版面看上去简洁大方，给人以格调高雅的视觉感受，如图 5-9 和图 5-10 所示。

4．绕图式

在整齐的文字中插入图形，将文字绕着图形排列，让文字随着图形的轮廓起伏，形成明确的节奏感与画面的美感。这种绕着图形的排列方式表现了新颖的视觉效果，使版面显得生动活泼，让阅读更为有趣，如图 5-11 和图 5-12 所示。

20世纪以来，包豪斯几乎成了现代艺术设计教育成功的代名词。包豪斯的实际影响，以及它所具有的广泛积极指导意义，早已经超出了它本身的工作效果和教育成就。那么是什么使包豪斯能够取得如此之大的成就呢？简而言之，就是思维方式的根本转变。

包豪斯（1919—1933年）虽然已经成为历史，但是它的两大特点至今不能被人忘记：一是决心改革艺术教育，想要创造一种新型的社会团体；二是为了这个理想，不惜做出巨大的牺牲。包豪斯的创办者兼校长格罗皮乌斯（WALTER GROPIUS）亲自制定了《包豪斯宣言》和《魏玛包豪斯教学大纲》，明确了学校目标：一要挽救所有那些遗世独立、孤芳自赏的艺术门类，训练未来的工匠、画家和雕塑家，让他们联合起来进行创造，他们的一切技艺将会在新作品的创造过程中结合在一起；二要提高工艺的地位，让它能与"美术"平起平坐。包豪斯声称，"艺术家与工匠之间并没有什么本质上的不同"，"艺术家就是高级工匠……因此，让我们来创办一个新型的手工艺人行会，取消工匠与艺术家之间的等级差异，再也不要用它树起妄自尊大的藩篱"；三要把包豪斯与社会生产、市场经济紧密结合起来，把自己的产品与设计直接出售给大众和工业界。包豪斯声言，他们将"与工匠的带头人以及全国工业界建立起持久的联系"。

实用的技艺训练、灵活的构图能力、与工业生产的联系，

图 5-5　齐头齐尾式（一）

mention them mainly to illustrate how the myths are concerned with any significant aspect of life, and we may leave them as they stand for further reflection on a later occasion. Let us just recall, for the purpose of rounding off and since I mentioned memory several times, that in the context of the myths one cannot insist enough on the role attributed to Memory: When the poet says "Tell me Muse ... " or "Sing goddess...", he is addressing the daughters of Memory (Mnemosyne), whom he regards as the owners of all tales and the source of his inspiration.

The above mentioned volumes are normally classified as 'secondary sources', that is, they depend on 'primary 'or 'original' sources, which consist of the works of ancient authors (poets and mythographers) from the period c. 800 BC – c. AD 600. A quantitative hierarchy may be established among the ancient authors by attempting to measure the amount of mythological data Among the most ancient are the works of Homer and Hesiod Homer is the author of The Iliad and The Odyssey, the Homeric Hymns; Hesiod deserves a special mention for the completeness of his Theogony, a short poem that describes the origin of the gods, and how the different generations of gods are related to each other [see table Theogony]. The original language of most of these works is Greek, and later also Latin (for example Statius and Ovid), but English translations are available in the Loeb Classical Library and other editors as well

图 5-6　齐头齐尾式（二）

20世纪以来，
包豪斯几乎成了现代艺术设计教育成功的代名词。
包豪斯的实际影响，
以及它所具有的广泛积极指导意义，
早已经超出了它本身的工作效果和教育成就。
那么是什么使包豪斯能够取得如此之大的成就呢？
简而言之，就是思维方式的根本转变。
包豪斯（1919—1933年）虽然已经成为历史，
但是它的两大特点至今不能被人忘记：
一是决心改革艺术教育，想要创造一种新型的社会团体；
二是为了这个理想，
不惜做出巨大的牺牲。
包豪斯的创办者兼校长格罗皮乌斯（WALTER GROPIUS）
亲自制定了
《包豪斯宣言》和《魏玛包豪斯教学大纲》，
明确了学校目标：
一要挽救所有那些遗世独立、
孤芳自赏的艺术门类，训练未来的工匠、
画家和雕塑家，
让他们联合起来进行创造，
他们的一切技艺将会在新作品的创造过程中结合在一起；
二要提高工艺的地位，让它能与"美术"平起平坐。

图 5-7　齐头散尾式

20世纪以来，包豪斯
几乎成了现代艺术设计教育成功
的代名词。包豪斯的实际影响，以及它所具有的
广泛积极指导意义，早已经超出了它本身
的工作效果和教育成就。那么
是什么使包豪斯能够取得如此之大的成就呢？
简而言之，就是思维方式
的根本转变。
包豪斯（1919—1933年）虽然
已经成为历史，但是它的两大特点至今不能
被人忘记：一是决心
改革艺术教育，想要创造一种新型
的社会团体；二是为了这个理想，不惜做出巨大
的牺牲。包豪斯的创办者
兼校长格罗皮乌斯（WALTER GROPIUS）亲自
制定了《包豪斯宣言》
和《魏玛包豪斯教学大纲》，明确了学校
目标：一要挽救所有那些遗世独立、孤芳自赏的
艺术门类，训练未来的
工匠、画家和雕塑家，让他们联合起来
进行创造，他们的一切技艺将会在
新作品的创造过程中结合在一起；二要提高工艺的

图 5-8　散头齐尾式

图 5-9　中央对齐式（一）

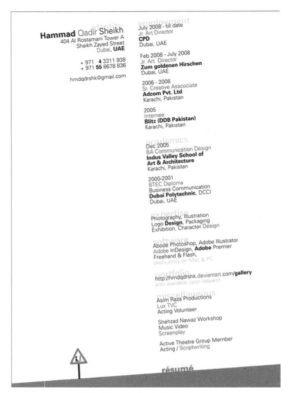

图 5-10　中央对齐式（二）

图 5-11　绕图式（一）

图 5-12　绕图式（二）

5．渐变式

文字在编排过程中由大到小、由远到近、由明到暗、由暖到冷的有节奏、有规律的变化过程就叫渐变。渐变的快慢程度可按照主体的要求进行调整，具有强烈的空间感。如图 5-13 所示。

6．突变式

在一组整体有规律的文字中，个别的字出现异常变化，但不破坏整体效果，这就叫突变。这种打破常规的局部突变，给版面增添了动感，达到引人注意的视觉效果，具有强烈的视觉冲击力，如图 5-14 至图 5-16 所示。

图 5-13　渐变式　　　　　　　　　　　　　　　　图 5-14　突变式（一）

图 5-15　突变式（二）

图 5-16　突变式（三）

5.2.2 文字编排的应用技巧和方法

1. 文字对比的编排方法

通过文字的大小、形态等的对比可使版面生动、有节奏，如图 5-17 和图 5-18 所示。

图 5-17 文字大小、形态对比

图 5-18 文字形态对比

2. 文字四周留白的编排

运用文字四周适当的留白，可以增加版面的空间感和品质感。有目的的留白可以降低页面的压迫感，可以改变页面给人的印象，可以表现出页面内容之间距离的不同，使页面产生构成的变化，得到空间的扩展，如图 5-19 和图 5-20 所示。

图 5-19 文字留白编排（一）

图 5-20 文字留白编排（二）

3．强调文字的编排

通过对文字的扩大和图形化处理，强调了版面的重点，如图 5-21 和图 5-22 所示。

图 5-21　文字的扩大

图 5-22　文字的图形化处理

4．体现文字方向性的编排

将文字按照一定的方向排列可引导读者的视觉走向，如图 5-23 和图 5-24 所示。

图 5-23　文字方向性编排（一）

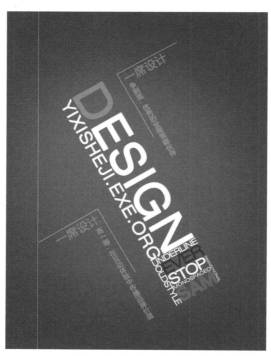

图 5-24　文字方向性编排（二）

5．文字的立体化的编排

将主要文字进行立体化处理可增强视觉冲击力和空间感，如图 5-25 和图 5-26 所示。

图 5-25　文字立体化编排（一）

图 5-26　文字立体化编排（二）

5.3　不同类型文字的编排

5.3.1　段落文字的编排

纯文本的段落文字主要考虑文字的字号、行间距、段间距要与整体的版面风格协调统一。如图 5-27 所示。

段落的位置要根据段落之间、段落与图片之间联系是否紧密来确定段距；根据文字量的多少和版面的大小，安排版面的"松"、"紧"。在有图片的版面中，段落文字的栏宽和位置是编排的重点。栏宽可根据图片的大小统一协调，形成规范的效果。如果整个版面被一张图片占据，则段落文字的栏宽设计就比较灵活，可根据文字量来调整，如图 5-28 所示。

5.3.2　标题文字与说明文字的编排

标题和引言部分通常都会用较大磅值的文字，从而起到吸引眼球的作用。对于正文的首字，较大的磅值也能够给读者以引导，如图 5-29 和图 5-30 所示。

图 5-27　段落文字（一）

图 5-28　段落文字（二）

图 5-29　标题与说明文字（一）

图 5-30　标题与说明文字（二）

5.4　文字与图片的编排规则

5.4.1　组织内容顺序

优秀的版面设计，能够通过文图的编排将重要内容突出表现。可运用各部分内容所占的面积大小和位置体现内容的先后顺序。如图 5-31 至图 5-34 所示分别展示按图片大小、文字大小、颜色和形状区分内容先后顺序的版面。

图 5-31　按图片大小区分内容先后顺序的版面

图 5-32　按文字大小区分内容先后顺序的版面

5.4.2　统一间隔元素

版式设计中，统一各内容的间隔是非常重要的。间隔的大小可以表现内容之间的亲密关系。通过调整内容之间的间隔可使各部分内容之间的关联性得到体现，如图 5-35 至图 5-37 所示。

图 5-33　按颜色和形状区分内容先后顺序的版面（一）

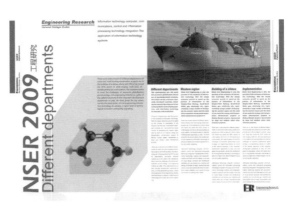

图 5-34　按颜色和形状区分内容先后顺序的版面（二）

图 5-35　统一文字图片间隔（一）

图 5-36　统一文字图片间隔（二）

图 5-37　统一图片间隔

5.4.3　统一文本与图片的宽度

一般的，应尽量将段落文字与图片的宽度统一起来。但优秀的版式设计是在文字与图片整齐的混合编排中加入变化，使版面丰富起来，如图 5-38 和图 5-39 所示。

图 5-38　文本与图片宽度统一（一）

图 5-39　文本与图片宽度统一（二）

5.4.4　避免图片切断文字，文字遮挡图片主题

在进行图文混排时应注意不能因为要插入图片而损坏文字部分的可读性。有时必须在图片中插入文字，这种情况的一个重要前提是不要将文字覆盖在需要重点展示的对象上，如人的脸部等细节处，如图 5-40 所示。

图 5-40　文字与图片穿插排版

5.5　网格版式的重要性

网格构成是现代版式设计最重要的基础构成之一。作为一种行之有效的版面设计形式法则，将版面中的构成元素——点、线、面协调一致地编排在版面上。

5.5.1　什么是网格

网格是用来设计版面元素的一种方法，主要目的是使设计师在设计的时候有明确的设计思路，构建完整的设计决策。

在版式设计中，将版面分为一栏、二栏、三栏以及更多的栏，如图 5-41 所示，再将文字与图片编排在其中，给人视觉上的美感。网格设计是在实际版式运用中具有严肃的、规则的、简洁的、朴实的等版面艺术表现风格。

5.5.2　网格的重要性

网格在版式设计中有着约束版面的作用，其设计特点主要强调了比例感、秩序感、整体感、时代感与严肃感，使整个版面具有简洁、朴实的版面艺术表现风格，在版式设计中成为主要的构成元素，如图 5-42 所示。

网格作为版式设计中的重要基础要素之一，构建出良好的网格骨架是很重要的。在版式设计中，一个好的网格结构可以使人们在设计的时候根据网格的结构进行版式设计，在编排的过程中有明确的版面结构，如图 5-43 所示。

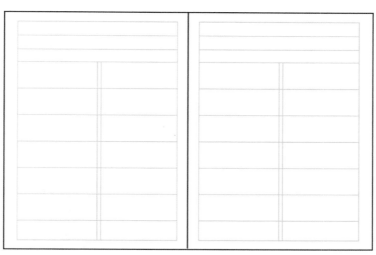

图 5-41　二栏网格

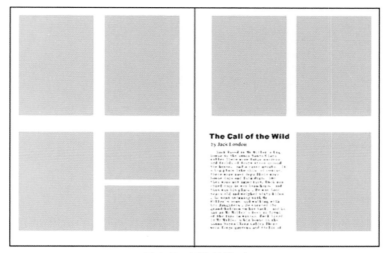

图 5-42　网格的排列

图 5-43　杂志版式

沿着版面上的网格设计，固定版面的四个角形成中心点，可起到稳定画面的作用，同时网格版面给人稳定、可信赖的感觉。以下是网格的两个特征。

1. 网格具有版面需求性

网格作为版式设计中重要的构成元素，为版面设计提供了一个结构，使整个设计过程更加轻松，也让设计师对于版面风格的决策更简单。

如图 5-44 中，设计师使用了简单、对称的三栏网格以及较宽的页面留白，整个版面使用了网格，使版面具有稳定感。

图 5-44　三栏网格版面

2. 网格具有组织信息的功能性

组织页面信息是网格的基本功能体现。在现代版面编排中，网格的运用方式变得更加进步、精确，从以前简单的文字编排到现在的图文混排，网格的运用使整个版面中图文编排具有规律性特征，如图 5-45 和图 5-46 所示。

图 5-45　图文编排的网格结构

图 5-46　网格版面

5.6　网格的类型

版式设计中网格的构成主要表现为对称式网格与非对称式网格设计两种，此外还有基线网格和成角网格。在版式设计中起着约束版面结构的作用，在约束的同时体现出整个版面的协调与统一。

5.6.1　对称式网格

所谓对称式网格，就是在版面设计中，左右两个页面结构完全相同。它们之间产生了相同的内页边距和外页边距，外页边距由于要写一些旁注的原因所以要比内页边距多出一些。对称式网格设计是根据比例而创建的，而不是根据测量创建的，如图 5-47 所示。

对称式网格的目的主要是组织信息和平衡左右版面的设计，如图 5-48 所示。通过对建立对称网格的了解与学习，下面来学习对称式栏状网格与对称式单元网格，并了解它们在版式设计中所起的作用。

图 5-47　杂志版式

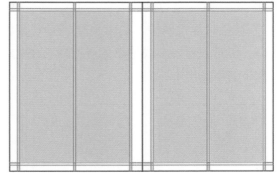

图 5-48　对称网格

１．对称式栏状网格

对称式栏状网格的主要目的是组织信息以及平衡左右页面的设计，根据栏的位置和版式的宽度，使左右页面的版式结构完全相同。对称式栏状网格中的栏指的是印刷文字的区域，可以使文字按照一种方式编排。

栏的宽窄直接影响文字的编排，栏可以使文字编排更有秩序，使版面更严谨。但是栏也有一些不足之处，如果标题变化不大将会影响整个版面的视觉效果，导致文字缺乏活力，使版面显得单调乏味，如图 5-49 所示。

图 5-49　书籍内页版面

对称式栏状网格分为单栏网格、双栏网格、三栏、四栏、多栏等。下面来了解一下对称式栏状网格的不同版式对版面产生的影响。

（1）单栏网格，如图 5-50 所示是单栏式网格版式，这种版式的文字的编排过于单调，容易使人产生阅读疲惫的感觉。因此在单栏式网格中文字的长度一般不要超过 60 字。单栏网格一般用于文字性书籍，如小说、文学著作等。

（2）双栏对称式网格，如图 5-51 所示是双栏对称网格。这种版式能更好地实现版面平衡，使阅读更流畅。但是双栏对称式网格的版面缺乏变化，文字的编排比较密集，画面显得有些单调。双栏网格在杂志版面中运用十分广泛。

图 5-50　单栏网格

图 5-51　双栏对称式网格

（3）三栏对称网格，如图 5-52 所示是将版面左右页面分为三栏，适合版面信息文字较多的版面，可以避免因行字数过多造成阅读时的视觉疲劳感。三栏网格的运用使版面具有活跃性，打破了单栏的严肃感。

（4）多栏网格，如图 5-53 所示，这种版式设计适合于编排一些表格形式的文字，比如说联系方式、术语表、数据目录等信息。这种版式的单栏太窄，不适合编排正文。

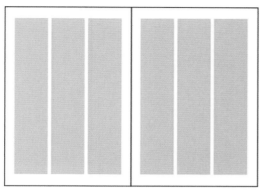
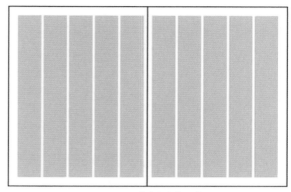

图 5-52　三栏对称网格　　　　　　　　　　图 5-53　多栏对称网格

2．对称式单元网格

对称式单元网格在版面编排中将版面分成同等大小的网格，再根据版式的需要编排文字与图片。这样的版式具有很大的灵活性，可以随意编排文字和图片。在编排过程中，单元格之间的间隔距离可以自由放大或缩小，但是每个单元格四周的空间距离必须相等。

版式设计中单元格的划分，保证了页面的空间感，也使版式排列具有规律性。整个版面给人规则、整洁的视觉效果，如图 5-54 所示。

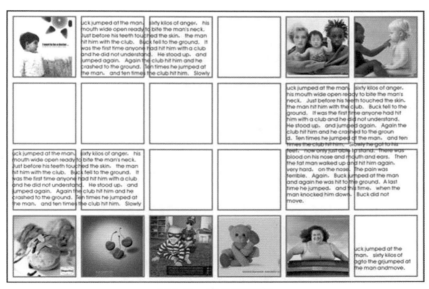

图 5-54　单元对称网格

5.6.2　非对称式网格

非对称式网格是指左右版面采用同一种编排方式，但是在编排的过程中并不像对称式网格那样绝对。非对称式网格形式在编排的过程中，可根据版面需要调整网格栏的大小比例，使整个版面更灵活，更具有生气。

非对称式网格一般适用于设计散页，散页中允许有一个相对于其他栏较窄的栏，便于插入旁注，为设计的创造性提供了机会，同时保持了设计的整体风格，如图 5-55 所示。

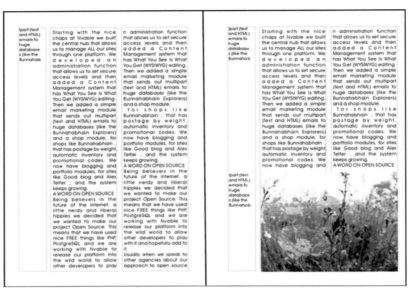

图 5-55　非对称式栏状网格

非对称式网格主要分为非对称栏状网格与非对称单元网格两种。

1．非对称栏状网格

所谓非对称栏状网格是指在版式设计中，虽然左右两页的网格栏数基本相同，但是两个页面并不对称。图 5-56 是单栏网格结构版式，同时采用了图片的形式，使版面具有生气，由于版面中左右页面页边距的不同，形成了非对称栏状网格版式结构。

2．非对称单元网格

非对称单元网格在版式设计中属于比较简单的版面结构，也是基础的版式辅助网格。非对称单元网格中采用较多的图片编排形式，使整个版面更生动，避开了版面的呆板无趣，如图 5-57 所示。

图 5-56　非对称栏状网格

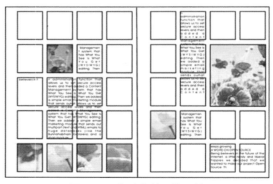

图 5-57　非对称单元格网格

5.6.3　基线网格

基线网格通常是不多见的，但它却是平面设计的基础。基线网格提供了一种视觉参考，它可以帮助面元素的准确编排与对齐页面，达到凭感觉无法实现的版面效果。

图 5-58 中的基线采用一些水平的直线（洋红色），既可以引导文字信息的编排，也可以为图片的编排提供参考。基线网格的大小与文字的大小有着密切关系。版面中蓝色线代表网格的分栏，页面以白色呈现。

基线网格的间距可根据字体的大小进行增大或减小，以满足不同字体的大小需求。如图 5-59 所示网格，基线的间距增加了，可以方便更大的字体与行距相匹配。

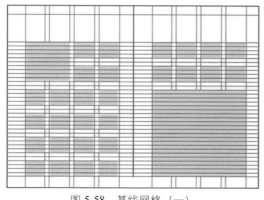

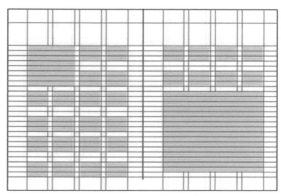

图 5-58　基线网格（一）　　　　　　　　　　　图 5-59　基线网格（二）

5.6.4　成角网格

成角网格在版面中往往较难设置，网格可以设置成任何角度。成角网格发挥作用的原理与其他网格一样，但是由于成角网格是倾斜的，设计师在进行版面编排时，能够以打破常规的方式展现自己的风格创意。

如图 5-60 所示版面，网格与基线成 45° 角，这样的版面编排方式，使页面内容清晰、均衡且具有方向性。

如图 5-61 所示版面，采用了两个角度的编排形式，这个网格使得文本具有四个编排方向。

从前面两张成角版面可以看出，在设置成角版面倾斜角度与文字方向性时，应充分考虑到人们的阅读习惯，如图 5-62 所示的版面设计。

图 5-60　成角网格版面（一）　　　　图 5-61　成角网格版面（二）　　　　图 5-62　成角网格版面（三）

5.7　网格在版式设计中的应用

网格设计的主要特征是能够保证版面的统一性，因此在版式设计运用中，设计师可根据网格的结构形式，在有效的时间内完成版面结构的编排，从而获得成功的版式设计。

5.7.1　网格的建立

一套好的网格结构可以帮助设计师明确设计风格，排除设计中随意编排的可能，使版面统一规整。设计师可以利用不同风格来编排出灵活性较大、协调统一的版面，如图 5-63 和图 5-64 所示。

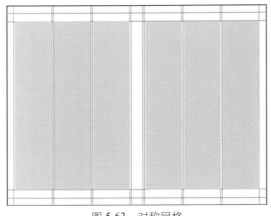

图 5-63　对称网格

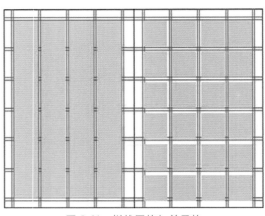

图 5-64　栏状网格与单元格

可以利用不同的数学原理，通过以下两种方式实现网格的创建。

1．比例关系创建网格

利用比例关系，能够确定版面的布局与网格形式。对称式网格不是测量出来的，而是按照比例关系创建的，如图 5-65 所示。

2．单元格创建网格

如图 5-66 所示是由 34×55 的单元构成的网格，内缘留白 5 个单元格，外缘留白 8 个单元格。在斐波纳契数列中，5 的后一位数字是 8，正好是外缘的留白大小。8 后面的数字是 13，这是底部留白的单元格数。以这种方式来决定正文区域的大小，可在版面的宽度与高度比上获得连贯和谐的视觉效果。

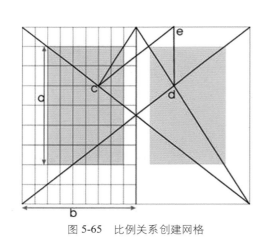

图 5-65　比例关系创建网格

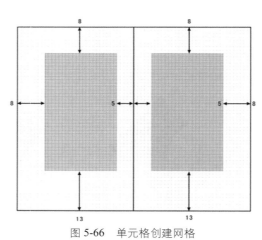

图 5-66　单元格创建网格

5.7.2　网格的编排形式

由图像和文本元素构成的版面，从本质上构成了页面的表现形式。网格的构建形式主要是依据版面主题的需要而确定的，文字多图片少的版面和图片多文字少的版面之间就有很大的区别。下面我们来看看网格在实际版面中的具体编排形式。

如图 5-67 所示，该版面分为两栏的网格结构，将文字与图片编排在版面中，运用两栏网格结构使文字信息传达具有版面空间感，打破了一栏的疲劳感。

如图 5-68 所示，该版面运用图片与文字的对比关系，使网格版面具有活跃的版面气氛，打破网格过于规整的视觉效果。

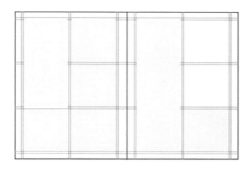

图 5-67　两栏网格

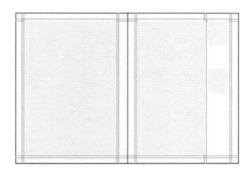

图 5-68　非对称网格

在版式设计中，网格的编排形式主要分为以下两种：

1. 多语言网格编排

在版面中出现多种文字的情况下，通常内容驱动着设计的发展与完善，而不仅仅是凭创造性来编排版面。如图 5-69 所示是一张翻译的版面，灰色模块代表可以容纳多种语言翻译的空间。

2. 说明式网格编排

在单版面中信息过于复杂，出现了若干个不同元素时，在信息传达上很容易造成阅读困扰，此时可以通过网格的形式对版面信息进行调整。如图 5-70 所示版面采用图片放大，文字编排在下方的网格形式，使整个版面显得稳定、层次清晰。

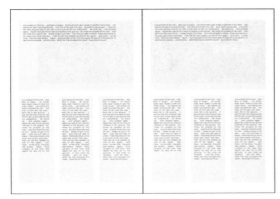

图 5-69　多语言网格编排

图 5-70　说明式网格编排

5.7.3 打破网格

打破网格的约束使版面设计更具有自由性，但这种编排形式很难把握版面的平衡，就算是很优秀的设计师也很难准确把握画面的平衡感。

如图 5-71 和图 5-72 所示，整个版面采用网格与无网格的对比形式进行版面编排。从版面文字的编排看，版面虽然没有网格的结构，但是可以看出在版面中，文字编排整齐且具有规律性。

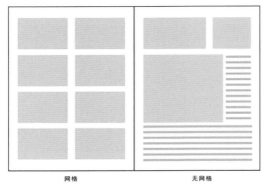

图 5-71 网格与无网格版面对比（一）

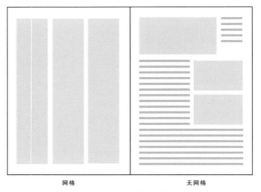

图 5-72 网格与无网格版面对比（二）

如图 5-73 和图 5-74 所示，文字采用中对齐的文字块形式，在没有网格结构的情况下仍然能清晰地传达信息，使整个版面层次结构清晰可见，体现了不规则单元格的编排形式。

图 5-73 打破网格的版面设计（一）

图 5-74 打破网格的版面设计（二）

5.8 案例分析——网格的不同运用产生的视觉效果

网格是版式设计中常用的一种版面形式，可以为设计师在编排版面元素的时候提供结构信息，使版面编排整齐，达到信息传递的目的。

5.8.1　菜单版面设计

如图 5-75 所示是西餐厅的菜单设计，该菜单在版面编排时，设计师根据对版面构成元素的了解，选择了合适的网格结构，使其达到明确传达信息的效果。在该版面中，采用大小图片的对比关系，增强了整个版面的层次感，明确了主次关系，突出主题。版面的图片以真实的食物摄影照片为主，直观可视性强，容易勾起人的食欲，促进产品销售。左边版面采用满版式构图，使用出血图片，具有较强的视觉冲击力。版面整体主题明确，层次清楚，统一和谐，画面生动、干净、利落、一目了然。

图 5-75　西餐厅菜单设计

5.8.2　画册版面设计

网格具有很大的灵活性，在版面设计中，运用不同的网格结构可给人不同的视觉感受。

如图 5-76 所示是一张时尚女性品牌宣传画册展开的设计版面，在编排这样的版面时，应注意版面的文字与图形的编排结构，从而使版面具有个性突出、编排新颖的视觉效果，符合品牌形象宣传的主题。

如图 5-77 所示版面采用两栏对称式的网格结构编排，使整个版面左右呼应，稳定性较强。图片的对比编排的运用，增强了版面的活跃感。文字采用大小对比的编排形式，打破了对称网格的沉闷感，使版面更加生动而富于活力。

图 5-76　画册版面设计（一）

图 5-77　画册版面设计（二）

5.9 作品点评

如图 5-78 所示为杂志内页版面设计。该版面设计采用双栏网格形式，版面结构合理，层次清晰，图片与文字根据网格结构编排，使版面具有一定的稳定性。采用不对称的网格形式，打破了网格设计过分规整的版面布局。右版面文字采用两端对齐的编排形式，配合了图片的方形轮廓，使整个版面和谐统一、规整严谨，阅读起来轻松流畅。

图 5-78　杂志内页版面设计（一）

如图 5-79 所示为杂志内页版面设计。该版面采用双栏网格与单元式网格相结合的形式，将版面划分出明确的结构，文字与图片按照网格的结构编排，版面稳定、规整而严谨。该版面结构合理，层次清晰，文字采用两端对齐的编排形式，与图片边缘对齐处理，给人干净、利落、朴实的印象。整个版面编排主次分明，符合人们的视觉流程，采用文字与图片相结合的形式，增强读者的阅读兴趣，达到有效传递信息的目的。

图 5-79　杂志内页版面设计（二）

如图 5-80 所示为一张 DM 单版面设计。从整个版面结构来看，版面采用了无网格的版面形式，使版面在编排上更具灵活性。图片采用去除背景的形式使饰品的展示画面更加生动而富于活力，图形大小比例的变化增添了版面的跳跃感。文字的编排贴近处理，有效起到了说明作用，达到了产品宣传的目的。采用无网格的版式设计使版面更加自由、灵活、随意，符合饰品 DM 单的设计主题。

图 5-80 DM 单版面设计

如图 5-81 所示是一张网页版面设计。该网页采用非对称式单元式网格的编排形式，该网页设计中每个单元格的距离为零，图片集中编排在版面中心，整个版面结构更紧凑，内容编排规整严谨。版面的四周空出很大面积的空间，突出版面的视觉中心，同时也增强了版面的空间感。主题色彩采用无彩色系，色调低沉含蓄，给人沉稳的感觉。整个版面编排给人时尚、别致、规整、严谨、可信赖的视觉效果。

图 5-81 网页版面设计

如图 5-82 所示是一张杂志版面设计。从整个版面结构来看，文字与图片的编排采用了对称栏状网格的编排形式，使整个版面文字编排更有秩序，版面更严谨。对称栏状网格形式，使版面在视觉上达到了平衡。但是从审美角度来看，版面过于规整严谨，缺乏活力。文字缺少变化，且编排较密集，使整个版面显得有些单调，给人呆板的印象，阅读时容易造成视觉疲劳。

图 5-82　杂志版面设计

5.10　课后实训

1. 通过对网格版式编排知识的学习，我们已经掌握了一定的运用网格编排版面的技巧。下面请根据所学知识及原理，运用网格的栏状形式、单元式网格形式以及无网格形式的编排，进行网页设计。

创意思路：根据网页设计的版面要求以及网页设计的信息传递媒介进行归纳分析，并根据所学网格知识，采用网格的不同结构进行网页版面编排。要求网页主题明确、结构清晰，版面具有平衡感，符合阅读视觉流程。注意把握网格在网页设计中的运用技巧，避免造成版面呆板无趣的印象，参考作品如图 5-83 和图 5-84 所示。

图 5-83　网页版面设计（一）

图 5-84　网页版面设计（二）

2. 通过对版式设计中网格编排基础知识的了解，运用所学知识，依据网格设计原理，将网格设计运用到杂志版面中，要求体现杂志的可阅读性，展现版面的平衡感与活跃性。

创意思路：根据对网格设计的基本了解,运用网格的栏状结构与单元式网格结构进行杂志版面编排。分析杂志的信息传递媒介，根据网格的结构形式对文字与图片进行合理编排。要求整个版面信息传达明确、结构清晰、版面平衡、层次清楚、主题突出，注意图片及文字信息量过大的版面编排，切勿造成版面呆板无趣，在视觉上造成阅读疲劳，参考作品如图 5-85 和图 5-86 所示。

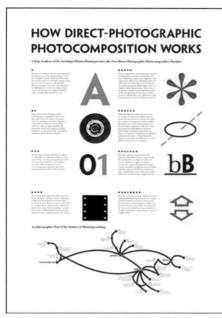

图 5-85　杂志版面设计（一）

图 5-86　杂志版面设计（二）

6

色彩在版式设计中的应用

第6章 色彩在版式设计中的应用

人在认知的过程中，视觉首先感知到的是色，其次是形，然后是图像，最后是文字。由此可见，色是版面设计中的灵魂，是最活跃的元素之一。打开一个网站，给用户留下第一印象的不是内容、版面布局，而是网站的色彩。色彩能够引发人们长期以来在思想中沉淀的对生活的认知，使人产生强烈的情感反应，可以说一旦客观世界出现相同的认知条件，就会引起人们心理上的情感波动。如在红色环境中，人的脉搏会加快，情绪兴奋激动；处在蓝色环境中，脉搏会减缓，情绪也较沉静。现在的版面设计可以用"丰富多彩"来形容，如在平面设计中，设计师不仅要注意色彩设计和印刷的运用，更要根据不同的设计载体选用恰当的色彩表达；在包装设计中，要考虑商品的价值、包装的材料及技术手段等；在标志设计中，要考虑受众的文化心理及社会因素；在环境艺术设计中，要考虑室内各组件表面和材料的限制，以及色彩应用所形成的空间环境带给人们的心理感受。在设计中巧妙地应用色彩的规律，可提升版面的吸引力和多种信息的条理性，增强版面的阅读性，充分发挥色彩的暗示作用，能更好地引起用户的广泛注意和兴趣，并进一步发挥色彩在版式设计中的作用。

6.1 利用色彩的基调强化主题信息

不同的色彩能够唤起人们对生活不同的体验感受。如红色，感觉是兴奋、温暖、热情，会联想到火、血、太阳、消防车等；蓝色，感觉是冷静、冰冷，联想到大海、天空等；白色，感觉是洁白、高尚、清洁，联想到雪、白云、白色的结婚礼服等。合理利用色彩的这种特性能够更好地表现版面设计的主题，提升视觉效果。

6.1.1 错误的色彩不能传达版面主题

在图形和文字都与版面主题内容相符合的情况下，版式中的色彩运用符合设计主题的话，就更有助于正确传达版面信息。由于国籍、文化背景、眼睛颜色的不同，人们对色彩的喜好也有所不同，但大多数人对冷暖色调的感觉是相同的。

如图6-1所示为料理店主题网页，该版面图片以食物为主题，整体色调灰蓝色，给人低调、怀旧、萧瑟的感觉，完全没有体现出食物新鲜诱人。如图6-2所示将网页版面的背景色调调整为暖紫灰色，再提高食物图片色彩的纯度，调整后的版面色彩明快，感觉食物新鲜味美。

图 6-1　料理店主题网页（一）

图 6-2　料理店主题网页（二）

如图 6-3 所示糖果网站，该版面主题是展示糖果，表现糖果的甜美、细腻、柔软、绚丽，然而版面整体使用蓝色作为主色调，给人的感觉是清冷。如图 6-4 所示将版面整体调整成粉红色系，粉色给人柔美、纯净、浪漫、楚楚动人的感觉，红色热情、温暖的感觉，正符合糖果网站的主题，版面色彩充满了趣味和幸福感。

图 6-3　糖果网站（一）

图 6-4　糖果网站（二）

6.1.2　色彩与主题搭配

在设计的诸多元素中，色彩的视觉冲击力最强，它能激发人们的心理、情感的不同感受。依据色彩带给人的不同感觉，设计时运用与内容相符合的色彩能够更有效地传达主题信息。食品包装中多采用暖色，如橙色、黄色等，这类颜色更能刺激人们的食欲。

如图 6-5 所示为可口可乐俄罗斯圣诞新年节日香槟式包装招贴，版式中运用红色为主色调，配合少量的蓝色与白色，红色体现圣诞的温暖、激情、热情，其他颜色表现出圣诞节雀跃的气氛。如图 6-6

所示，水果饮料包装中利用水果的物理颜色作为包装版式的主色调，并提高色彩的饱和度，令人感觉食物更加美味，使人们在看到包装时联想到相同颜色水果的味道。要表现自然气息的感觉，可以使用让人联想到自然主题的绿色系或者柔和的大地色系。

图 6-5　可口可乐俄罗斯圣诞新年节日香槟式包装招贴

图 6-6　水果饮料包装

如图 6-7 所示为家具主题网页，以黄、褐色为主色，体现出暖意、明朗、幸福的感觉。年龄较低的群体通常喜欢明亮、轻盈、活泼的配色，而年龄高的群体，则使用相对低纯度、明度的配色。如图 6-8 所示，韩国女性网站网页以粉色为主色调，暖色的使用会令女性看起来更性感、更有魅力。

图 6-7　家具主题网页

图 6-8　韩国女性网站网页

综上所述，符合版面主题内容的色彩一定符合设计的诉求内容；符合目标人群的性别、年龄的配色；符合地域性、文化感的配色。

6.2　色彩在不同版面中的应用

色彩作为版面设计的元素之一，为实现版面的功能发挥着十分重要的作用。版面色彩处理得好，可以锦上添花，达到事半功倍的效果。色彩应用的原则是"总体协调，局部对比"，也就是说，版面的整体色彩效果应该是和谐的，只有局部小范围的地方可以有一些强烈色彩的对比。在色彩的运用上，可以根据版面内容的需要，分别采用不同的搭配方法。

6.2.1 根据传播媒介选择色彩搭配

杂志、报纸、书籍、DM 单、招贴、CD 封套、产品包装、网页等传播媒介各自有不同的特点，根据其不同的视觉传达效果搭配色彩，更易引导读者领会所示内容并产生好感，更好地传达视觉信息，同时也可传达设计者不同的艺术追求与文化理念。

杂志内页如图 6-9 所示，该版面以文字为主，信息量较大，搭配同一主题的咖啡色调的图片，充分体现杂志设计的格调。如图 6-10 所示为音乐网站 T-music 海报，海报设计通常用色比较有整体感，该版面整体笼罩在暗黑色之中，明亮荧光红色从画面中心发出，荧光蓝色在画面四周作为辅助的颜色，表现主题的青春、动感、活力四射。

图 6-9　杂志内页版式

图 6-10　音乐网站 T-music 海报

如图 6-11 所示网页版式设计，该版面有较为明确的分区，确保读者能够快速、清晰地阅读到版面的重点。该网页选择三种不同的低纯度颜色作为文字的背景，达到了板块区别的目的，同时增强了页面的趣味。如图 6-12 所示是"彼得晚宴"这个新的面食品牌包装版式设计。该设计的主图像是根据意大利首席厨师的形象设计，面食的种类根据其图像与面食特征搭配识别，包装的原色、质感突出该面食的自然性。

图 6-11　网页版式

图 6-12　食品包装版式

6.2.2　色彩在版面中具有导向性

在版式设计中，色彩同样可以担负起和线条、文字一样的视觉引导和强调的作用。设计师只要充分利用色彩的导向作用，对重要的信息进行色彩的整合与强化，吸引用户的注意，同样可以提高信息传递效率。

如图 6-13 所示，在电影《古迹卫士》海报版式设计中，黄色的条形色块纵向连接版面，将文字与人物图片连接起来，醒目的黄色能够引导读者优先阅读上面的文字内容，版面层次分明。如图 6-14 所示为韩国网站设计，该网站以蓝色系为主要色彩，网站所有内容围绕中间的色带，可引导读者按照路径指引的方向阅读相关内容。

图 6-13　电影《古迹卫士》海报

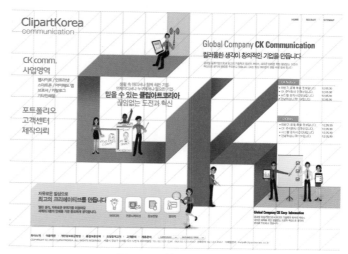

图 6-14　韩国网站设计

如图 6-15 所示为报纸版式设计，通过弧形蓝色色块方向引导读者先阅读色块上反白的内容，然后按照指引依次阅读，使版面视觉流程清晰，重点突出。如图 6-16 所示为时尚杂志封面版式设计，整个版面大面积采用低纯度的暖色，红唇和文字运用少量高纯度的颜色就尤为突出，既提示了重点信息也吸引了读者的注意。

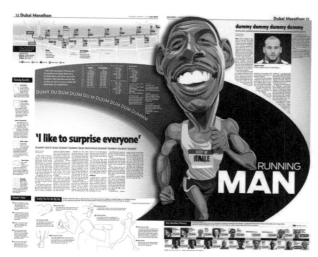

图 6-15　报纸版式设计

图 6-16　时尚杂志封面版式设计

如图 6-17 所示为广告版式设计，整个版面通过标题字号的大小、图片的色调、颜色的浓淡传达着广告的内容,版面通过充分调动这些视觉元素来"发言",巧妙地传达了文字不便传达和不易传达的信息,有着更为直观和直接的导向作用。如图 6-18 所示为彪马车队服饰平面广告,该广告大面积运用不同层次的灰色,只有头盔、手套、鞋、地面等局部使用了明度、饱和度都很高的黄色,这些黄色给人很强的视觉冲击力,并将版面的文字信息联系起来。

图 6-17　广告版式设计

图 6-18　彪马车队服饰平面广告

鉴于色彩在版面中的这种导向作用,众多视觉媒介开始注重对标题、字号、图片的色彩处理来营造版面,进而把读者的注意力引导到版面的主题问题上。

6.3　色彩对版面空间的塑造

明度、纯度和色相是色彩的三个基本属性,我们一般利用这三个属性表达画面的空间感。明度、纯度高的色彩具有前进感,明度、纯度低的色彩具有后退感,因此在各种版面设计中经常利用鲜亮的色彩突出重点,晦暗的色彩虚化次要部分,从而营造出不同层次的空间。色相的冷暖关系也经常运用,暖色靠前,冷色后退,所以色相的运用也能营造出具有延伸感的视觉空间。对于不同的色彩,观众的心理则会作出相应的反应,进而在思维中产生了画面的空间感。

6.3.1　冷暖色系表现版面空间感

在色彩学中,把不同色相的色彩分为热色、冷色和温色,从红紫、红、橙、黄到黄绿色称为热色,以橙色最热。从青紫、青至青绿色称冷色,以青色为最冷。紫色是红与青色混合而成,绿色是黄与青混合而成,因此紫色和绿色是温色。这和人类长期的感觉经验是一致的,如红色、黄色,让人联想到太阳、火、炼钢炉等,感觉热;而青色、绿色,让人联想到江河湖海、绿色的田野、森林,感觉凉爽。冷暖色除给我们温度上的不同感觉以外,还会带来距离感。冷色有远的感觉,暖色则有迫近感。色彩可以使人感觉进退、凹凸、远近的不同,一般暖色系和明度高的色彩具有前进、凸出、接近的效果,而冷色系和明度较低的色彩则具有后退、凹进、远离的效果。

如图 6-19 所示为日本 Honda 本田商务 SUV 汽车平面广告,版面中主要通过蓝、紫色之间的微妙变化体现人、物的距离和空间感。如图 6-20 所示为 Upplagan 杂志设计,该设计属于冷色系配色,版面主要通过冷色明度、面积大小的变化,增强版面的空间感,还巧妙运用了一点暖色进行对比,丰富了版面的层次。如图 6-21 所示为美食主题网页版式设计,该设计属于暖色系配色,主要通过橙、红、黄、棕色之间的色相、明度、面积的差异来区别空间位置。如图 6-22 所示为美国电影《未知 Unknown》宣传海报,该海报是利用版面冷色调的明度、纯度的微弱变化,表现人物与人物、人物与环境的空间距离感,低纯度冷色表现出神秘、阴暗和后退感，增强了画面的层次，制造出了惊悚、悬疑的空间气氛。

图 6-19　日本 Honda 本田商务 SUV 汽车平面广告

图 6-20　Upplagan 杂志

图 6-21　美食主题网页版式设计

图 6-22　美国电影《未知 Unknown》宣传海报

6.3.2　同类色系表现版面空间感

同类色指色相性质相同，但色度有深浅之分。如红色类（是色相环中15°夹角内的颜色）大红、朱红、玫瑰红等。版面设计中可以利用色彩的同类色色相的微小差距表现空间；色彩明度表现画面的前进、后退感；高纯度的色彩表现近景，低纯度的色彩表现远景，营造版面的空间层次感。

如图 6-23 所示为可口可乐香槟式包装版式设计，在版面中以最强烈、最刺激视觉的色彩——红色构成画面，迅速吸引读者的视线。利用颜色在明暗、深浅上的不同明度变化表现空间感。如图 6-24 所示为化妆品广告版式设计，该版面以棕色为主的同类色进行配色，运用了棕色、茶色、驼色、深酒红色、橘黄色之间的微弱色相差以及强烈的明度差，表现画面的空间感。

图 6-23　可口可乐香槟式包装版式设计

图 6-24　化妆品广告版式设计

如图 6-25 所示韩国游戏网页设计，运用了洋红色、酒红色、棕色、紫罗兰、茄紫色、黑紫色等同类色进行配色，页面形式为酒吧的吧台，明度、纯度高的颜色有近距离感，画面产生相当好的代入感，你会觉得几位美女在等你。如图 6-26 所示为麦当劳冬季彩色菜单，该版面运用了橙红色、朱红色、洋红色、橘黄色、棕色之间的明度、纯度差表现版面的空间感，呈现统一而有变化的视觉效果。

图 6-25　韩国游戏网页设计

图 6-26　麦当劳冬季彩色菜单

如图 6-27 所示为婴幼儿的营养餐网站，这是一个金黄、蛋黄、橙色到棕色配色方案的设计案例。基本属于同一色相、不同层次色彩的搭配，整体上相较于多种跳跃较大的色彩方案来讲对比不太强烈，版面的层次与空间完全利用色彩的明度表现，由于此网站的业务是提供婴幼儿的营养餐，所以暖色系的平静色色彩方案更适合。如图 6-28 所示为书籍封面设计，该页面以米黄色作为背景色，左上和下面用茶色、棕色、古铜色、梅红色，封面中间使用高纯度的土红色，再辅之以白色的文字，使整个页面配色丰富，画面看起来通透有很强的空间感。

图 6-27　婴幼儿的营养餐网站

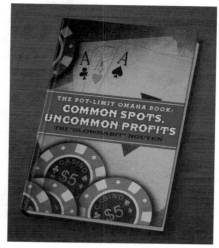

图 6-28　书籍封面设计

6.3.3　色相对比表现版面空间感

色彩并置时因色相的差别而形成的色彩对比称之为色相对比。任何一个色相都可以自为主色，组成同类色、邻近色、对比色或互补色色相对比。

1. 同类色色相对比

同类色色相对比是同一色相中的不同明度与纯度色彩的对比。这种色相不是各种色相的对比因素，而是色相调和的因素，也是把对比中的各色统一起来的纽带。因此，这样的色相对比，色相感就显得单纯、柔和、协调。

2. 邻近色色相对比

邻近色相要比同类色相对比更强烈、丰富、活泼，可稍稍弥补同类色相对比的不足。

3. 对比色色相对比

对比色色相对比鲜明、强烈、饱满、丰富，容易使人兴奋激动和造成视觉以及精神的疲劳。

4. 互补色色相对比

互补色色相对比的色相感要比对比色色相对比更完整、更丰富、更强烈，更富有刺激性，但它的短处是不安定、不协调、过分刺激。

每一种色相的对比都有各自的优缺点，合理地运用到设计中能够使版面营造出更大的空间感。如朱红和玫瑰红相比较，感觉上朱红倾向橙色、偏暖，玫瑰红倾向紫色偏冷，两色在并置时各自的特征显著，形成了明确的色相对比。

如图 6-29 所示为日本 Honda 本田商务 SUV 汽车平面广告，网页设计中使用了紫色和黄色，黄、紫色明暗对比最强，其空间感也最强，黄为进色、紫为退色。该版面背景充满了紫色的渐变，看上去时尚高贵、理性而硬朗，同时又不失优雅，主导航和主信息区域的椅子使用了最醒目的黄色色调，运用这两种色彩之间明度、纯度的对比形成强烈的空间感，能够迅速抓住人们的视线。如图 6-30 所示为时尚杂志封面版式，该时尚杂志整个页面配色很少，主色调是属于同类色绿色系，通过不同明度的变化体现出页面的色彩层次感。人物使用橄榄绿和白色块面进行交替，使绿色的特性发挥到最好的状态并增强了视觉节奏感。大标题运用高纯度的绿色，与粉红色的其他文字形成对比，让页面多了些层次感、空间感。

图 6-29 日本 Honda 本田商务 SUV 汽车平面广告

图 6-30 时尚杂志封面版式

如图 6-31 所示为麦当劳包装设计，该设计中运用了朱红、藤黄、湖蓝进行配色，三种颜色之间跨度很大，黄颜色明度最高最醒目，提示的信息最靠前，藤黄与朱红属于邻近色色相对比，藤黄与湖蓝形成互补色色相对比，因明度、纯度、冷暖、面积的区别，整个版面主题突出，层次丰富，信息内容看起来更加明快协调。如图 6-32 所示为网页版式设计，该网页设计中运用蓝色的背景作为玩具陈列的展厅，它和主信息区域的色彩形成鲜明的对比，用色相的差别让主信息区域从背景中跳出来，类似于打开的玩具盒子，此创意既和网站主题相关，又增强了版面的空间感。

图 6-31 麦当劳包装设计

图 6-32 网页版式设计

在版式设计中要充分发挥色相对比的作用，这样可以满足不同主题的风格色彩，增强画面的空间感，突出主体。使用色相对比时，要充分注意整体版面的和谐，避免大量使用高强度的对比，以免引起人们的视觉和心理上的疲劳。了解不同色相对比所带来的视觉变化，感受色彩的不同组合所产生的效果，合理地运用到版面设计中可使设计生动活泼，富于层次感。

6.4 运用色彩突出版面的对比效果

6.3 节中我们提到过同类色色相对比是在同一色相中不同明度与纯度色彩的对比。这类颜色明净、单纯，配色上较容易达到协调统一，但也容易显得单调和乏味。因此根据周围不同色彩条件的影响设计适当的彩度对比可以活跃版面，能出现一种强烈的色彩空间感。

6.4.1　运用版面色彩突出重要信息

使用对比色可产生强烈的视觉效果并吸引读者目光，突出版面的重要信息。无论简洁还是复杂的版面，色彩用得适当就会给人活泼亮丽、层次分明、主题突出的感觉，如果用得不好，就会适得其反，产生混乱、刺眼的不良效果。虽然版面用色方法多种多样，但必须遵循一些基本原则。首先，颜色是用来服务内容的，版面的美化是为了突出内容，不能喧宾夺主；其次，色彩的运用要节制，使用的色彩要与版面定位和风格一致；最后，版面设计要以读者为本，便于读者阅读。

如图 6-33 所示为网站版式设计，蓝色是冷色系的最典型的代表，而红色是暖色系里最典型的代表，两冷暖色系对比让全页的色彩对比异常强烈且兴奋，很容易带动浏览者的激昂情绪。红色对视觉信息的传递是很快的，属于高昂响亮的颜色。红色色块中反白的文字醒目显眼，让人迅速的聚焦于视频中心，更好地突出信息。如图 6-34 所示为 BAUDUCCO 吐司创意广告，该设计用红、黄、蓝、绿进行配色，其中以黄和蓝色块为主作对比色色相对比，还有不同块面的邻近色交错对比，增强版面的视觉动感。点睛色是黄色，黄色是明度最高的颜色，也较响亮、刺目，在这里的运用能强烈的突现广告的主题。虽然黄颜色面积不太大，但足以达到了迅速传递信息的效果，让人印象深刻。

图 6-33　网站版式设计

图 6-34　BAUDUCCO 吐司创意广告

如图 6-35 所示为 Cheetos 薯片系列软包装，该包装版面设计中运用了红、黄、蓝三色进行搭配，其中红和黄邻近色色相的对比、红和蓝对比色色相对比、黄和蓝对比色色相对比。设计中大面积使用蓝色增强了版面稳定性，将产品名称使用最醒目的黄色，即版面的点睛色，以突出重点信息。如图 6-36 所示是一个以灰色阶变化较多的页面为背景的网页，画面中间运用高纯度的红、黄、蓝、绿颜色搭配，页面底部添加少量低纯度颜色色块，形成不同的对比节奏，增强了版面的韵律美感。高纯度的颜色与灰色系形成强烈的对比，活跃了版面，突出了版面的重要信息。

图 6-35　Cheetos 薯片系列软包装　　　　　　　　　图 6-36　网页版式设计

6.4.2　运用色彩对比突出版面主题

如图 6-37 所示为大众甲壳虫创意广告，广告页面以蓝、绿、黄进行配色，黄蓝、黄绿、蓝绿的色相对比组合使页面色彩看起来既响亮又协调，高饱和度黄颜色本身的醒目与视觉中心的位置使主题更加突出。如图 6-38 所示为 Vital 儿童维他命广告，该广告画面背景运用低纯度绿和棕色配色，Vital 儿童维他命使用高纯度的洋红与白色相间的颜色，对比强烈主题突出，这则广告色彩可爱并且富含创意。

图 6-37　大众甲壳虫创意广告　　　　　　　　　　图 6-38　Vital 儿童维他命广告

如图 6-39 所示为网站设计，整个版面以红、绿为主色调进行配色。红绿是互补色色相对比，直接对比会产生俗气、刺眼的不良效果，适度地调整色块明度、纯度、面积，局部的地方有一些小的强烈对比，可以使对方的色彩更加鲜明、炫目。该网页版面就很好地利用了这一色彩的对比特性，首先背景绿色运用低纯度、高明度多种色块交替组织；其次前景主图片使用高纯度的红绿与红黄色色相对比；再次其他小图片使用白色背景，白色让前景和背景的划分更明显。最终达到减弱背景对比，缓和视觉刺激，同时饱和度与纯度很高的色彩对比活跃了版面，突出了主题。如图 6-40 所示为网站设计，该网页运用蓝、红进行配色，两种颜色都降低了纯度，红颜色本身识别度就很高，在明度低的蓝色背景衬托下将其特性发挥到了极致，页面主体信息的内容醒目而响亮。

图 6-39　网站设计（一）

图 6-40　网站设计（二）

6.4.3　运用主次色调加强版面节奏

如图 6-41 所示为 CD 版式设计，该设计中运用了桃红、灰蓝两种色调和少量的金属色，该封面主色调是明度较低的灰蓝色，属于较沉闷的颜色，但是深浅变化丰富，空间感强。文字使用桃红色，视觉刺激非常强烈，由于暖色视觉传递速度快的特点，使文字更加突出。整体版面颜色虽然用得不多，但对比鲜明，主次分明。如图 6-42 所示为书籍封面设计，该设计整体属于纯度较低的浊色调，左上角纯度高的黄色与中心玫红色的"K"字提亮了版面色彩，尽管使用的面积较小，黄色依然是点睛色，它是紫色的对比色，高纯度的黄色与低纯度的蓝紫色形成视觉反差，也因此使得页面的沉闷得到一定程度的缓解，同时提升了页面配色的空间透亮感，黄色色块也起到引导、提示主题信息的作用。

图 6-41　音乐 CD 版式设计

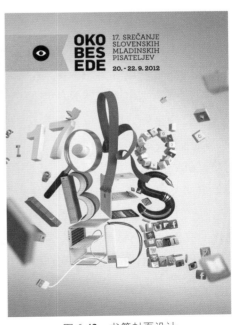

图 6-42　书籍封面设计

如图 6-43 所示为广告版式设计，该设计大部分版面以低纯度的浊色色调为主，重点内容处理成高纯度的红色和蓝色，与主色调形成鲜明的对比，突出主题，使版面有了活力和亮点。如图 6-44 所示为包装版式设计，该版面中运用黄、蓝色系进行对比配色，黄色系为主色调，蓝色系作为点睛色与主色调形成强烈的对比，突出了主题，增强了视觉冲击力。对比色容易增添兴奋度，多用于食品、休闲娱乐产品包装中。

图 6-43　广告版式设计

图 6-44　包装版式设计

6.5　案例分析——Nike Bootroom- 耐克足球运动系官方网站设计分析

如图 6-45 所示为 Nike Bootroom- 耐克足球运动系官方网站设计，该设计版面背景使用灰色系，灰色介于黑色和白色之间，中性色、中等明度、无色彩。灰色具有吸收其他色彩的活力、削弱色彩的不协调、缓解视觉疲劳、融合色彩的作用。灰色会给人以中庸、平和、谦让、高雅的心理暗示，任何色彩加入灰色都能够降低纯度和明度，而且显得含蓄而柔和，但是灰色在给人高品味、含蓄、精致、典雅、耐人寻味的同时，也容易给人颓废、苍凉、消极、沮丧、沉闷的感受，在设计时要把握分寸，不能过多的使用。该网站中图像背景使用模糊的处理方法，使不同块面的邻近色、对比色在明度、纯度降低的情况下交错排列，既不喧宾夺主又增强本页面的视觉动感。图像中纯度最高的色彩都运用到突出主题内容信息上，如运动员的服装、鞋、文字信息都使用高纯度的红色、黄色，这些颜色就是版面的点睛色，让略显沉闷的版面活跃起来。图片中低纯度绿色、蓝色调与红色、黄色既有对比又烘托了主体，它形成了页面配色的中间色阶，增强色彩层次感。另一辅色白色，包括在标志、文字标题、服装上的运用，既衬托色彩又活跃了页面的配色环境，同时增强了整个页面的视觉感，使色彩更醒目。页面中主颜色选择明亮的红色、黄色，配以白色为辅助色，再加上绿色、蓝色色阶的运用，使页面有干净整洁、庄重、充实的印象，这样的色彩搭配在现实生活中运用广泛。

图 6-45　Nike Bootroom- 耐克足球运动系官方网站设计

6.6　作品点评

如图 6-46 所示为凉爽啤酒广告设计，系列广告中的两张画面都以咖啡色、绿色为主进行配色。版面中面积大的颜色都进行了明度、纯度的处理，整块的绿色、褐色形成低纯度的色彩对比，增强了画面的层次感和空间感。色彩因降低纯度而有后退感，相反高纯度的颜色面积虽小，但是抢眼，属于点睛色，有前进感。少许纯度高的红色、绿色、黄色，还有低纯度的蓝色配置画面，形成多种色相之间不同层次的对比。在设计中巧妙运用色彩之间的不同对比，能够突出主题，使画面主次、空间分明。

如图 6-47 所示为报纸版式设计，该设计整个版面背景大面积运用黄色系，少许高纯度藤黄，右上左下配有白色色块，主体人物用酞蓝构成。非色彩的白色和黑色在这里起到了非常重要的作用，拉大了色彩色阶空间的距离。白色让整个色调组合更加明快，而黑色增添色彩的厚重质感，增强视觉刺激。我们知道黄色是所有色彩中明度最高的颜色，不同明度、纯度的黄色系让整个页面明亮了许多，它让版面背景有个明度色阶的小调，同样高纯度的藤黄与酞蓝对比达到画面对比的最高调。

图 6-46　凉爽啤酒广告设计

图 6-47　报纸版式设计

6.7　课后实训

对一个汽车网站进行版面设计。

创意思路：网站版面设计以深蓝色与橘色为主进行配色。深蓝色是沉稳的且较常用的色调，能给人稳重、冷静、严谨、冷漠、深沉、成熟的心理感受，它主要用于营造安稳、可靠、略带有神秘色彩的氛围，是网站页面的主色调。橘色明亮、华丽、健康、兴奋、温暖、欢乐、辉煌，虽然用的面积小，但是高饱和度与纯度能够带来很强的视觉冲击力，是网站的点睛色。运用这组对比色进行网站版式设计，通过使用的面积、位置的不同来反映主次之间的关系。参考作品如图 6-48 所示。

图 6-48　网站设计

7

综合案例分析

第7章　综合案例分析

7.1　Britzpetermann 名片设计

    Britzpetermann 是一个互动媒体体验创意工作室，主要从事多媒体的创意开发工作。如图 7-1 和图 7-2 是一组充满创意的 Britzpetermann 名片设计，这组名片采用竖版构图，造型的构成要素主要有红色的标志、多变的图案和标准的矩形轮廓。醒目的红色标志居于整个版面的中心位置与低调的背景颜色形成强烈的对比，具有稳定画面的作用，形成视觉中心，突出主题。背景多变的图案多采用自由曲线、自由曲面和自由点状图案，自由曲线的排列形成的面给人飘逸灵动的感觉，旋转的曲线则给人深邃神秘的空间感，喷洒的点状图案则给人偶然随意的新奇感，整组名片版面极富动感，突显个性，符合公司的行业特点。构图样式采用满版式、自由式，给人的感觉直观而层次分明，让人感觉出空间的变换和时间的流动。

图 7-1　Britzpetermann 名片设计（一）

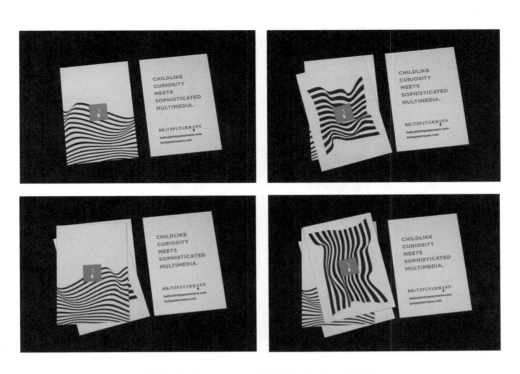

图 7-1　Britzpetermann 名片设计（一）（续图）

图 7-2　Britzpetermann 名片设计（二）

7.2　Kidla 社交平台名片设计

　　Kidla 是一个社交平台，致力于人们的社交服务。如图 7-3 和图 7-4 所示为名片设计采用横式构图，构成元素主要以品牌文字、不同色彩的点、线、面构成，图形化的处理方式既有趣味性和艺术感，同时也具有较强的识别性。设计简洁大方而充满活力，名片的中心位置即是 Kidla 品牌的标志，处理成较为粗壮的字体，字体颜色选用白色，简单干净，与背景缤纷的图形形成强烈对比，具有较强的视觉冲击力。版面左侧是名片持有人的姓名、职位及联系方式等信息，运用左对齐的编排方式，字体较小。名片名整体给人轻松活泼、清爽的视觉感受。

图 7-3　Kidla 名片设计（一）

图 7-4　Kidla 名片设计（二）

7.3　Tokyo Metro 东京地铁列车礼仪海报设计

如图 7-5 和图 7-6 所示为 Tokyo Metro 东京地铁列车礼仪宣传海报，该组海报使用了竖向开本。版面利用了四边和中心的结构，主要的图形放置在对角线交叉的中心点上，强调主题，并形成均衡稳定的视觉效果。版面采用简单的插画形式，展现出地铁里的各种不礼貌行为的场景，以提醒人们在地铁里的言行举止，画面简单易懂、直观明了。海报背景采用明度较高的纯色处理，单纯醒目，能够刺激人的视觉神经引起注意。中间的心形图案亲切自然，采用白色不仅和纯色背景形成了鲜明的对比，同时增强了画面的透气感。心形中的人物对心形图做了适当的破形处理，打破了固定形状的呆板印象，使画面更加生动活泼。版面右上角的标题文字和左下脚的标识图遥相呼应，使版面达到一种平衡，版面下方的辅助文字也起到了稳定版面的作用，整体感更强，达到了有效传播信息的效果。

图 7-5　Tokyo Metro 东京地铁列车礼仪宣传海报（一）

图 7-6　Tokyo Metro 东京地铁列车礼仪宣传海报（二）

7.4　秀出你的字体——东京城市主题海报

　　"秀出你的字体"是以东京城市为主题的海报设计项目，海报设计要求以东京单词为主要设计元素进行设计。如图 7-7 和图 7-8 都是以最有代表性的日本食品寿司进行设计的海报，图 7-7 采用点的重复排列，呈现出较强的整体感和丰富感。中间留有一个空隙形成特异的效果，使文字主题更加突出。图 7-8 利用人们熟悉的案板和寿司这一写实照片的形式，使人感到更加亲切，拉近了与读者的距离。采用满版式的构图样式，整体感觉大方直白、层次分明，视觉冲击力较强。图 7-9 以写实照片的形式来表现，画面中密集的灯箱招牌成行排列，形成了一条条线的形式，增强了画面的动感和延展性，突出东京繁忙和快节奏的生活气氛，展现了东京商业化的繁荣景象。采用满版式的构图样式，版面大气，视觉冲击力强。图 7-10 以儿童涂鸦的形式给人轻松愉悦的心情，采用满版式的构图样式和自由面的分割形式，把版面分割成不同区域，形象化的字体透着天真的稚气，放置在版面的重要位置，使海报主题突出、层次鲜明。

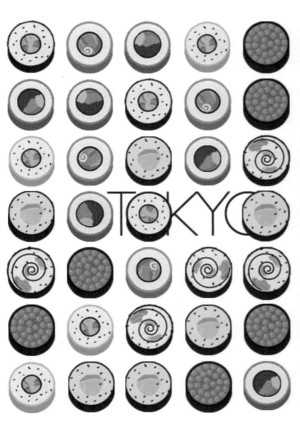

图 7-7　秀出你的字体——东京城市海报（一）

图 7-8　秀出你的字体——东京城市海报（二）

图 7-9　秀出你的字体——东京城市海报（三）

图 7-10　秀出你的字体——东京城市海报（四）

7.5　Northside 2014 - Music Festival 网站设计

　　如图 7-11 所示为 Northside 2014 - Music Festival 网站设计。该网站是流行音乐网站，整体采用柔和的蓝色调，极端的冷色，具有沉静和理智的特性。运用同色系给人统一、单纯、直观、简洁的印象，冷色系的色彩给人清彻、超脱、远离世俗、冷静、清爽、严谨的感觉。版面采用平衡构图，具有满足感，设计结构完美，安排巧妙。图片全部采用方形图，与方形边框形成统一的感觉。在图片的处理上，突出主题和重要的图片采用全彩色处理，说明性图片采用单色处理，与版面整体色彩和谐统一，与主图形成鲜明对比，衬托和突出了主题图。版面下部彩色图片带与主图首尾呼应，版面统一、稳定而平衡，部分留白设计使版面透气而别致。传统的边框和动感的线条，使版面既稳定而又富于节奏和韵律感，符合该网站的设计主题。文字标题采用粗壮的字体居中安排，次要的说明性文字左对齐编排在方形图框里使版面更加规整、严谨，并且主题突出，层次分明。整个版面编排给人和谐、统一、单纯、简洁、时尚、个性、可信赖的感觉。

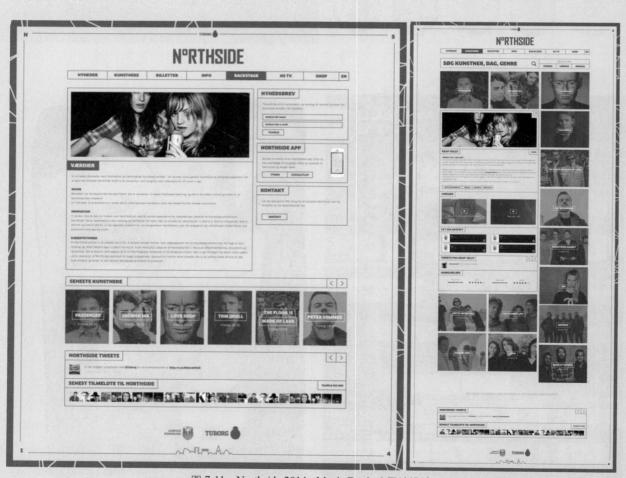

图 7-11　Northside 2014 - Music Festival 网站设计

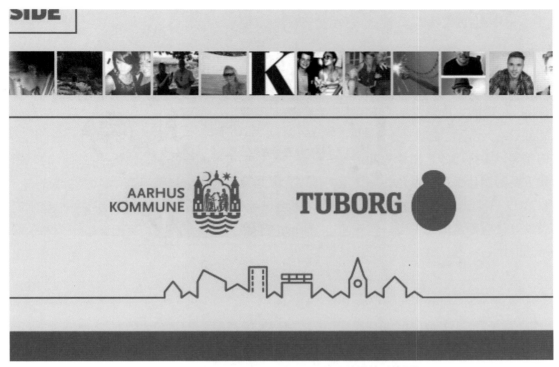

图 7-11　Northside 2014 - Music Festival 网站设计（续图）

7.6　儿童主题网页设计

如图 7-12 所示是韩国的儿童主题 Flash 网站。由于此网站的业务是针对儿童的，所以暖色系的平静色色彩方案比较适合，设计者选用高纯度的黄色、橙色为主色，整个页面在黄色上点缀多种纯度较高的颜色，使网站充满欢快的节奏与气氛，符合该网站的设计主题。黄色是三原色之一，也是阳光的色彩，具有活泼与轻快的特点，象征光明、希望、高贵、愉快，给人十分年轻的感觉。橙色又称橘黄或橘色。橙色是欢快活泼的光辉色彩，是暖色系中最温暖的颜色，具有明亮、健康、兴奋、温暖、欢乐、辉煌以及容易动人的色感，所以受到妇女、儿童们的喜爱。虽然主色调是这两种颜色，但是版面中却并不仅限于这两种色彩的使用，粉红色、紫色、蓝色、绿色也都出现在设计中，但是从色彩比例上来说，它们要少得多，所以能做到在丰富色彩方案的同时又不喧宾夺主。橙色、红色是黄色的邻近色，绿色是对比色，紫色是互补色。网站页面背景与导航中大量运用邻近色的对比进行布色，色相对比温和不刺激，容易让人快速地接受。网站首页还使用了少量的紫色，虽然面积小但互补色对比最能增强版面的张力。

网站辅助色是低纯度、高明度的黄绿色和湖蓝色，黄绿色在黄背景下呈冷色调，属于轻快单薄的亮色，这种不同层次色彩之间搭配充分展现了版面的层次与空间感，同时也是很好的整体页面视觉的过渡色。另一辅助色白色在这里起到了调和多种颜色的作用，减少整个页面的多种配色之间的不协调。

网站首页页面背景没有完全填充为黄色，底部页脚部分的白色类似于打开的贺卡，同时也给整个设计增加透气的心理感受。页面中既有邻近色对比、对比色对比、互补色对比又使用了少量的冷暖色对比，平衡和协调了以暖色调为主的版面。Logo 设计上使用多色彩的拼图方案，与整个版面的拼图图案相呼应；导航样式设计成向下顺延视线的大圆角吊牌，符合人们浏览的视觉习惯；文字信息使用了手写的卡通字体，右边相关活动内容的圆形吊牌也采用了类似的字体。可以观察到，圆角的白色描边在这个设计中重复出现，增加了网站设计的细节。

图 7-12　儿童主题网页

7.7　La Chapelle 拉夏贝尔品牌网站设计

　　La Chapelle 在法语中是"小教堂"的意思，是法国一条风情小街，阳光洒在街边的梧桐树上，投下光影斑斑，呷一口咖啡是满满的香醇，还能听到不远处小教堂中传出的钟声。音译自这个词的"拉夏贝尔"也代表了这种源自法国的优雅、浪漫，并将时尚融入其中，成就属于"拉夏贝尔"的经典。品牌风格为优雅、浪漫、时尚。品牌愿景为拉夏贝尔将浪漫经典的大众名牌服装融入每个女性的生活。

如图 7-13 所示为拉夏贝尔品牌网站设计，由于该品牌为女性服装品牌，版面采用淡雅的灰蓝色，体现优雅、浪漫的氛围。首页以图片为主要构成元素，采用满版编排的形式，使版面简洁、直观、视觉冲击力强。下半部的三张小图片，既能引导消费者阅读又起到稳定画面的作用。品牌名称放置在左上角较为醒目的位置，突显其重要性。品牌名称及导航栏文字颜色采用白色，与背景灰蓝色形成鲜明的对比，给人干净、清爽的印象。说明性文字放置于版面底部，左对齐排列并与上半部字体首尾呼应，同时也具有稳定画面的作用。

图 7-13　La Chapelle 拉夏贝尔品牌网站设计

如图 7-14 所示为拉夏贝尔品牌网站新品推广页面，以水上游船图片为背景，营造出清爽的夏日氛围，多数图片和文字浮于背景之上，给人丰富的层次感。版面采用网格系统编排，使较大信息量的版面编排规整严谨、条理清楚。左侧文字导航采用半透明白色背景分类放置，条理清楚，层次分明，便于消费者阅读。网站总体编排给人专业严谨的印象，充分体现优雅、浪漫、时尚的品牌风格。

图 7-14　La Chapelle 拉夏贝尔品牌网站新品推广页

7.8　Delta Bio 有机牛奶包装设计

如图 7-15 所示为 Delta Bio 有机牛奶包装设计，该设计围绕"天然有机"这一主题来体现牛奶的纯天然。此外根据不同品种选用了不同颜色的瓶盖，为产品进入不同的细分市场奠定了基础。在版面构成中，包装大面积色彩选用了天然纸浆的本色作为主色调，说明文字信息使用了深棕色，与背景颜色协调统一。辅助色使用了绿色、蓝色，这两种颜色都带有很强的自然观感，又与背景包装的颜色形成冷暖的对比，白色的奶牛放置在版面中心，使纯色的产品名称更加突显出来。包装上的 Logo 设计使用高对比的红色、蓝色进行配色，色彩醒目刺激标志突出。整个版面多处使用了白色，如成分表运用了漏白手法，标志、奶牛上直接使用白色，白色给画面带来通透性，使颜色更加明亮。白色给人的感觉是明亮、干净、畅快、朴素、雅致，它没有强烈的个性，不能引起味觉的联想，但引起食欲的颜色中必须要有白色，因为它表示清洁可口，但只是单一的白色不会引起食欲。版面中文字、图形是信息的主体部分，但视觉冲击力最强的是色彩。色相、明度、纯度的变化能够增强版面信息内容的空间感，突显版面的个性化特征，可以说色彩是影响视觉感的最活跃的因素。此款包装的色彩是写实色彩与装饰色彩的有机统一，设计者没有受商品写实色彩的限制和束缚，而是大胆地进行主观想象和创造，将商品的信息主题概括、提炼，赋予商品包装特定的情感和内涵。

图 7-15　Delta Bio 有机牛奶包装设计

7.9　Cuckoo 牛奶什锦早餐包装设计

如图 7-16 和图 7-17 所示为 Cuckoo 牛奶什锦早餐包装设计，食品类包装应突出安全与营养。该食品包装从视觉心理来说，可以诱发人们产生各种感情，有助于设计作品在信息传达中发挥感情攻势的心理力量，刺激欲求，达到促成销售的目的。该食品系列包装采用食物固有色刺激人的味蕾，文字和图片均采用食物的固有色来表现，如橘子口味为橘黄色，苹果口味采用苹果绿色，蓝莓葡萄味采用蓝色、葡萄紫色，桃及草莓口味采用玫红色，可可口味采用咖啡色等。这些天然的色彩，能促进食欲，激发消费者的购买欲望。包装采用标准式构图，是最常见的简单而规则的版面编排类型，自上而下安

排产品名称、图片、说明文字，符合人们认识事物的心理顺序和思维活动的逻辑顺序，可产生良好的
阅读效果。主题文字倾斜式编排可活跃版面、增强动感。文字采用有趣的字体编排，增强趣味感。包
装外形形状与字母外形相呼应，像嘴巴一样，极富想象力。包装底部说明性文字居中排列，具有稳定
画面的作用。版面总体色彩鲜艳、动感活泼、生动有趣、层次分明、和谐统一。

图 7-16　Cuckoo 牛奶什锦早餐包装设计（一）

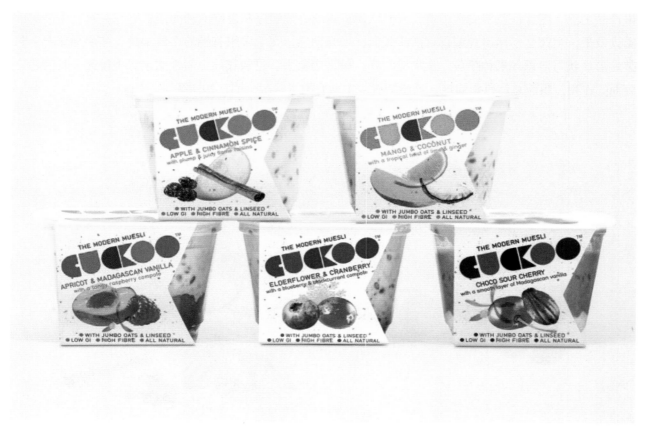

图 7-17　Cuckoo 牛奶什锦早餐包装设计（二）

7.10　MUJI 无印良品产品画册设计

无印良品（MUJI），是西友株式会社于 1980 年开发的 PB 品牌，1983 年于东京流行发讯地的"青山"开出第一家独立旗舰店，1990 年正式成立良品计划株式会社。会社致力于提倡简约、自然、富质感的生活哲学，为消费者提供简约、自然、基本且品质优良、价格合理的生活相关商品，不浪费制作材料并注重商品环保问题，以持续不断地为提供消费者具有生活质感及丰富的产品为职志。

如图 7-18 所示为无印良品产品画册封面设计，该版面设计以室内家居的图片作为素材，采用跨页满版式编排，用一张写实的照片作为画册的封面，版面编排简洁、直观、视觉冲击力强。标题及品牌名称叠加在图片上，图文结合丰富了层次感。标题文字采用粗黑体左对齐编排，清晰醒目而富于节奏，封底品牌网站及说明性文字置于版面左下角，使版面平衡饱满。

如图 7-19 所示为无印良品产品画册内页设计，版面以我们熟悉的生活场景图片为主要素材，使人感觉亲切自然，拉近了与消费者的距离。左页上下放置等大的三张图片规整严谨，右页上半部分放置两张图片下半部分编排文字，与左页编排稍有不同，避免因过于对称而造成的呆板印象，同时又使版面图文结合，富于变化。

如图 7-20 所示为无印良品产品画册内页设计，三个版面采用同样结构的版面编排，左页为产品图片，右页为产品使用的天然材料图片，二者有机联系，互为补充说明。版面编排以图片为主，直观明了，右页都以图片为主要构成要素的满版式编排，左页上半部较大面积放置主要产品图，下半部文字以左对齐的形式编排，整齐而富于变化，还有三张说明性图片放置在左页右下角的位置，使版面达到平衡。

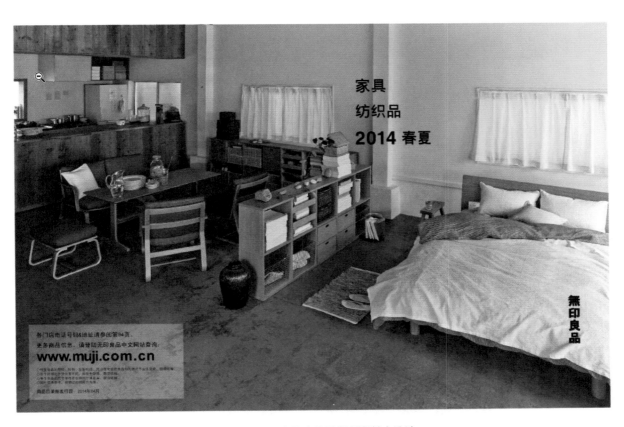

图 7-18 无印良品产品画册封面封底设计

自然、当然、无印。

自然是没有花哨的装饰、没有引人注目的标记。
树木、花草、动物只是自然而然地存在，
它们凝聚着与生俱来的朴实以及经过漫长岁月累积而成的智慧，
让人领会到其中的丰裕，感到充实而安心。
无印良品一直以来都在关注这种自然的状态，并通过不断的学习
尽可能的将其运用到产品中去，带进人们的生活。
比起过分装饰的家具，不如用纯粹木材简单组合的家具。
比起鲜艳的布料，不如用保留材质原色的布料。
在提倡个性、流行、速度、效率的当今世界，
我们将会继续坚持从全球未来的视点出发。

图 7-19 无印良品产品画册内页设计（一）

可以看见产地的素材

无印良品的产品素材来自世界各地。
研发人员每年都要直接到产地、工厂中去，仔细检查品质并生产工序，
使用具有这地特点的素材。
比如亚麻（L·nen）。
为顺利优质的亚麻，我们寻根各个国家。
最后选中了横跨法国与比利时的佛兰德斯作为亚麻产地。
其广阔肥沃的土地，适度的降雨量、轻拂亚时的和风，
替代传承的精耕细作。
颗颗适合亚麻栽培的自然条件，
可以是亚麻的最佳产地。
伴着不断地与生活着的当地人进行变更，这正是无印良品的品质保证。

传统变成未来。

无印良品想让全世界仅存的传统财富列未来延伸。
一直以来，我们尊重当地的自然和生产方法，重视原料供应。
藤编制作的收纳用品系列就是其中之一。
藤是要通生长在最高中那的一种植物。
这样材料非常坚实，可制作家具。
使用在制作产品时，我们可可能保持其原有的模样。
当当地的藤叶一个一个地手工编织，
即使继续要一天也只能编制几个。
一番自率低下，但却是让收纳品更加耐用的必要条件。
产品得淬长岁月的如积累下来的智慧这捏着未来不断传递下。

结束语

这里有装饰房间的老师。

没有人会教我们怎样去采饰家具、搭配房间。
学校尝学不数，父母不会告诉我们。
参考室内摆饰的态态也不平起入数。
每个人的房间就是各种各样的。
如期尝试这种经历，不知到无印良品的摆置走走。
这里有具备专业知识和专业资格的"收纳师"
为你提供从家具的选取到物品收纳方法的专业建议。
另外，收纳家具的尺寸规定，语言组接服务。
根据家具组合的和no's服务企业之间。
无印良品不是仅仅贩卖商品，还会在您使用的过程中和产品的时间里与您相伴。

图 7-20　无印良品产品画册内页设计（二）

　　如图 7-21 所示为无印良品产品画册内页设计，该版面为跨页设计，满版编排，具有较强的视觉冲击力。熟悉的生活场景图片及温馨的色调，使消费者看了倍感亲切，也可最直观地感受到产品的使用方法及功能所在。主题文字置于版面左下脚醒目突出，版面设计极为简洁，符合家居这一设计主题。

收纳家具

实木材料

图 7-21　无印良品产品画册内页设计（三）

　　如图7-22和图7-23所示为无印良品产品画册内页设计，这两个版面信息量较大，均采用网格系统并分栏编排，使版面编排规整严谨、条理清楚、层次分明。版面色调单纯，白色的背景与彩色的产品形成强烈对比。采用去除背景的产品图，简洁干净。产品信息文字采用线条分割，使文字信息更加清楚明了。文字统一左对齐编排，文字的编排和产品的摆放都具有较强的节奏感，消费者阅读起来更加轻松快捷。

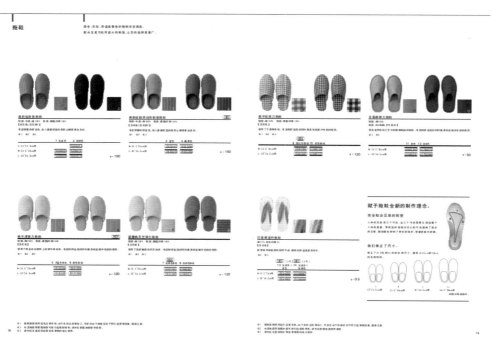

图7-22　无印良品产品画册内页设计（四）

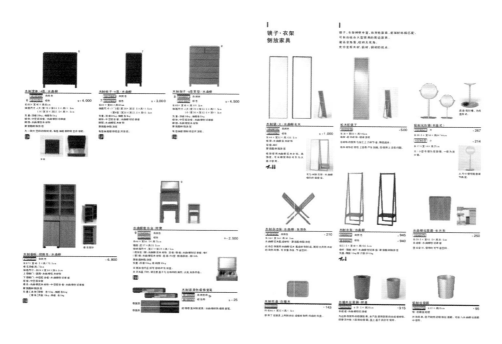

图7-23　无印良品产品画册内页设计（五）

　　如图7-24和图7-25所示为无印良品产品画册内页设计，版面采用左右对称式结构编排，图7-24适当的插图和图标搭配，避免了对称图式的呆板印象。产品图片的选择为同一色调，使版面色彩统一和谐。版面编排主次分明，产品主图占有较大的面积，放置在上半部分较为重要的位置，说明性文字和图片占有较小面积。

　　画册总体编排简约自然、清新干净、条理清晰、层次分明，与品牌理念相吻合，给人可信赖、舒服的感觉。

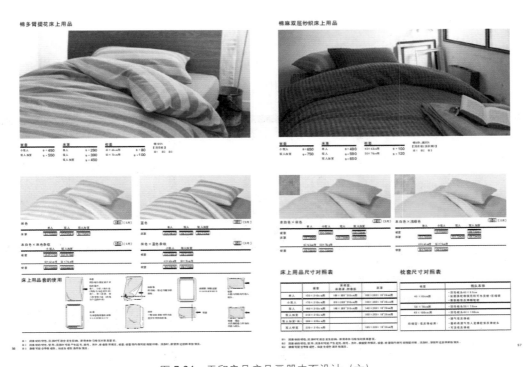

图 7-24　无印良品产品画册内页设计（六）

图 7-25　无印良品产品画册内页设计（七）

7.11　奔驰汽车宣传册版式分析

　　如图 7-26 所示是奔驰公司为旗下多款车型设计的产品宣传册，内容上除了介绍产品外，更突出了企业形象的宣传推广。版面在色彩上使用了蓝灰色作为背景色来突出画面高端、大气的产品定位。

　　宣传册共分 8 个大的版面，首页版面采用有车辙的雪山图片做背景，彰显奔驰汽车的性能。整个版面突出与轮胎结合的标志，宣传企业形象。内页中第 1、5 页选用两张"天马行空"的产品图片采用满版式布局，突出了奔驰汽车高端、大气的产品定位和能适应特殊环境的卓越性能。第 2、7 页分左右两版，采用产品细节展示图片和单栏文字相结合的版式，疏密有致。第 3、4、6 页采用上、下分割的图文编排，双栏式文字网格，有足够的留白，突出产品细节，视觉流程顺畅。

图 7-26　奔驰汽车宣传册设计

7.12　《艺术与设计》杂志版式设计分析

　　版面是杂志的脸面，是杂志形象的集中表现。从这个意义来讲，一个成功的版面，不仅能准确生动的表现内容，而且能使读者在阅读的同时得到美的享受，并以此为契机牢牢吸引住读者的眼球。下面以《艺术与设计》杂志为例分析一下版面的设计。

　　《艺术与设计》杂志秉持设计服务于技术、商业、文化、公民社会四个方面，所有栏目以此为基础，涵盖艺术、设计的各个方面。定位于国际坐标，追寻国际最强创意；时尚成熟，以哲学和新鲜的眼光看待世界，关注最具创意人群的思想与作品；精美流畅，从印刷装订到版式设计，都以最精心的制作满足读者的视觉追求；追求文字之美，提倡享受的阅读，以隽永的文字与读者共同探讨社会价值与消费文化的点滴。

如图 7-27 和图 7-28 所示为《艺术与设计》杂志的两期封面设计。版面采用每期"特别策划"栏目相关的图片为主体设计元素，刊名、刊号、主题内容等文字信息采用烫金工艺，以点、线、面的形式出现，各司其职。

图 7-27　《艺术与设计》杂志封面（一）

图 7-28　《艺术与设计》杂志封面（二）

如图 7-29 所示为《艺术与设计》目录，目录部分均采用文字与图片相结合的方式，双栏网格，部分留白设计增强了版面透气感并形成独特的设计形式。总体版面设计条理清晰、视觉感受直观、版式设计独特。

图 7-29　《艺术与设计》杂志目录

如图 7-30 和图 7-31 所示为《艺术与设计》杂志的"外刊速览"栏目，据栏目内容的不同，选择了合适的图片与文字形式，图文并茂展示大量信息。版面的设计形式多样，语言丰富，别具特色。

图 7-30 "外刊速览"栏目（一）

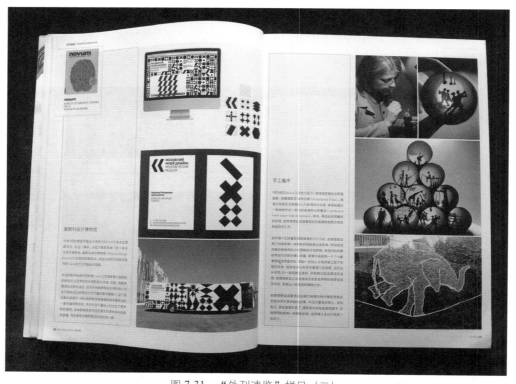

图 7-31 "外刊速览"栏目（二）

如图 7-32 所示为《艺术与设计》杂志的"特别策划"栏目，采用超大图片横跨两个对开页，只有一个视觉焦点，没有复杂的背景，对读者产生巨大的视觉冲击。如图 7-33 所示为另一"特别策划"栏目，此版面采用清新的蓝色调将一系列图文划成相对独立的板块，使阅读更有序。

图 7-32　"特别策划"栏目内容页（一）

图 7-33　"特别策划"栏目内容页（二）

如图 7-34 所示为《艺术与设计》杂志的"地图"栏目，采用漫画风格插图与文字混排，色彩和谐统一，内容浓厚丰富，给人耳目一新的感觉。

图 7-34　"地图"栏目内容页

如图 7-35 所示为《艺术与设计》杂志的"三边联谈"栏目，该设计虽是黑白版面，却用精美的编排深深地吸引着读者。

图 7-35　"三边联谈"栏目内容页

总而言之，《艺术与设计》的版面，无论是题材选择还是整体版面的编排形式都是处于设计前沿的，不仅给读者提供了高品位的阅读享受，还可以为以后的杂志版面设计提供帮助！

7.13　报纸版式设计分析

　　报纸作为信息传达的主要媒介，其版式设计要兼具易读、美观的要求。其版式的特点是以文字信息为主，信息量大，版面元素复杂，不同内容的信息之间相对独立，区域性强。因此报纸的版式设计既要通过合理的编排解决独立信息间的区域问题，又要保证版面整体的完整，有统一的风格。下面以一些国外报纸为例分析一下其版面的设计。

　　如图 7-36 所示为国外报纸版式设计，在色彩方面，选择了与图片颜色有所呼应的绿色作为主体色，用于目录背景色和底部广告背景色，又选择了强对比的红色用在标题背景衬托和右下角的广告中，使内容醒目，极富有视觉冲击力，形成一种统一中有变化的整体形象。在文字编排方面，各部分标题的字体、字号体现了内容的主次，起到指导读者进行选择性阅读的作用。在栏式选择方面，采用多栏式网格布局，中心图片放大，有所突破，却在网格规划之内。不同内容之间以灰色线分割，相互独立又使版面协调统一。

　　如图 7-37 所示的国外报纸版式设计也是"窄版"版面，色调以黑白灰为主，排版结构给人清晰和易于阅读的感觉。在多栏式网格布局的基础上，用不同色彩倾向的暖灰调做背景色，使不同内容相对独立，版面条理清晰、和谐统一。

图 7-36　国外报纸版式设计（一）

图 7-37　国外报纸版式设计（二）

8 作品欣赏

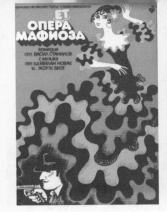

第 *8* 章　作品欣赏

8.1　网页版式设计

如图 8-1 和图 8-2 所示为 Chopin In The City 品牌网页设计，该组网页设计主要构成元素以点的形式为主，具有较强的张力。色彩以纯正的红色与无彩色系黑、白、灰搭配，形成强烈的对比，给人正式、专业、稳重的第一印象。版面的文字以左对齐的形式排列，形成较强的秩序感和节奏感。网页整体编排简洁、层次清楚，简单的色调选择给人现代、专业、严谨的感觉。

图 8-1　Chopin In The City 品牌网页设计（一）

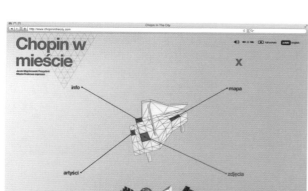

图 8-1　Chopin In The City 品牌网页设计（一）（续图）

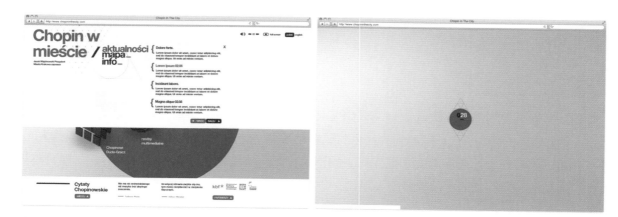

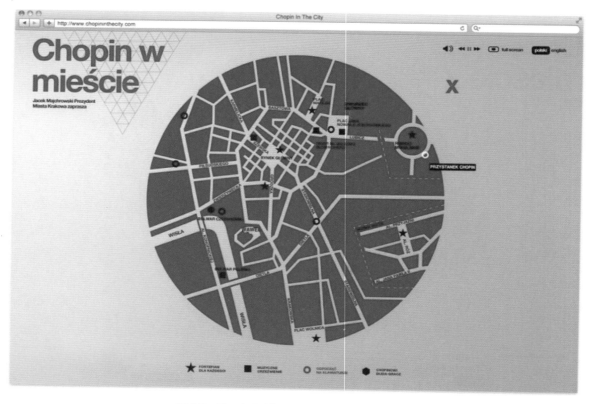

图 8-2　Chopin In The City 品牌网页设计（二）

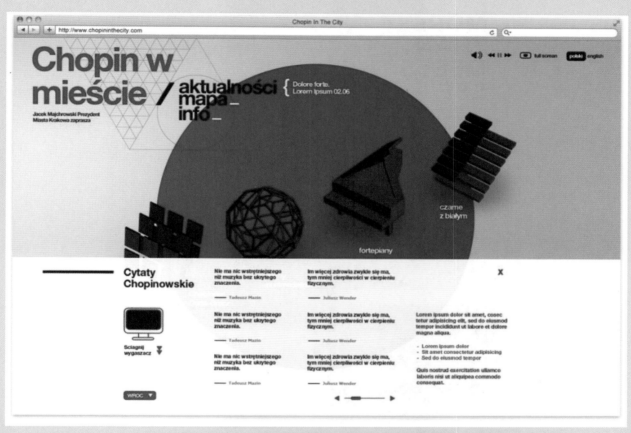

图 8-2　Chopin In The City 品牌网页设计（二）（续图）

　　如图 8-3 所示为 frog 公司网页设计，该版面运用网格结构，利用色块和图片将版面进行分割，形成稳重规整的视觉效果。版面色彩采用纯度较高的冷色系蓝色、绿色和暖色系黄色、橙色为主色，形成强烈的色彩对比，黑、白、灰色作为辅色，视觉冲击力较强。文字采用左对齐编排规整而富于节奏。

　　如图 8-4 所示为 Folksy 公司网页设计，该网页设计突出的特点为字体设计，充满童真和趣味性。版面采用无彩色系黑、白、灰作为主体色彩，彩色的品牌名称标志位于版面左上角的视觉焦点，突出其设计主题。版面设计简洁明了、层次清楚，具有较强的设计感。

　　如图 8-5 所示为 VAYA 品牌网页设计，该网页设计采用网格结构，规整严谨。背景大面积的深灰色，给人深沉内敛的视觉印象。

图 8-3　frog 公司网页设计

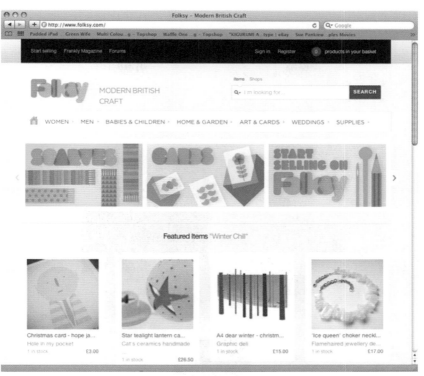

图 8-4　Folksy 公司网页设计

图 8-5　VAYA 品牌网页设计

8.2 名片版式设计

　　如图 8-6 所示为 BONABELLA 公司名片设计，该名片设计为典雅风格，雅致的灰色配以极富装饰性的花朵图案，突显其复古、典雅、高贵的气质。

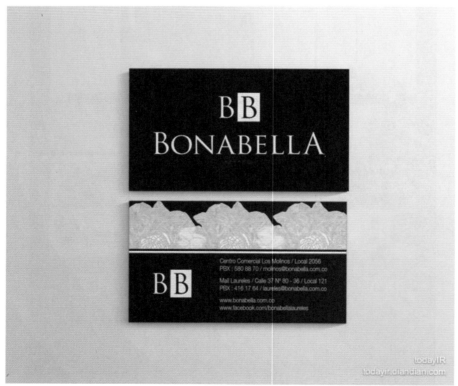

图 8-6　BONABELLA 公司名片设计

　　如图 8-7 所示为一组国外创意名片设计，名片采用竖版幅面，上下结构，新颖别致。色彩以绿色、紫色、白色为主，色彩和谐统一。多变的图形成为版面的主要构成要素，展现丰富的设计语言和独特的个性。

图 8-7　国外创意名片设计

　　如图 8-8 所示为 What if you hire Are·k 品牌名片设计，该名片设计采用常见的横板幅面，正面利用色块将版面进行分割，大面积的暖色与小面积的冷色形成强烈的对比，有较强的视觉冲击力，左上角的公司名称与右下角的二维码遥相呼应，使版面达到平衡。反面设计简约，为左右结构，右半部分为品牌标志突出展示，突显其重要性，左半部分说明性文字相对缩小，主次分明。

图 8-8　What if you hire Are·k 品牌名片设计

　　如图 8-9 所示为 Evidently 名片设计，该系列名片设计利用简约的动物图形作为主要构成要素，充满趣味性和故事情节，版面采用非常醒目的黄色和黑色，色彩对比强烈，和谐统一。版面编排新颖别致、简单明了、层次清楚。

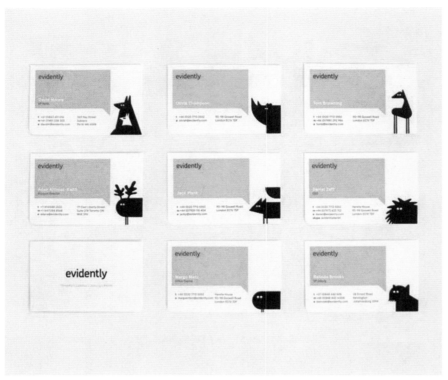

图 8-9　Evidently 名片设计

　　如图 8-10 和图 8-11 所示为 Jazz 爵士乐的北部学校名片设计，该名片采用横板幅面，红色和灰色的色彩搭配，和谐统一，简单干净。图形装饰和文字编排充满节奏感，文字上下线条的运用，增强整体感。

图 8-10　Jazz 爵士乐的北部学校名片设计（一）

图 8-11　Jazz 爵士乐的北部学校名片设计（二）

如图 8-12 所示为 Polairus 名片设计，该名片设计采用横板幅面，一角采用圆角的形式与圆形品牌标志相呼应，独特别致。以绿色调为主，色彩和谐统一，给人简单清新的感觉。

图 8-12　Polairus 名片设计

8.3 包装版式设计

如图 8-13 所示为 knack 包装设计，该包装设计采用满版图片的编排形式，具有较强的视觉冲击力，利用仿生的形态设计，其工具的形态及功能与选择的动物图片的形态及功能极为相似，给人生动形象的亲切感。文字编排在白色背景图框里简洁而醒目。

图 8-13　knack 包装设计

如图 8-14 和图 8-15 所示为 Sabadì — The Quality Of Life Happycentro 包装设计，该包装设计采用插画的风格，采用印纹的方式，版面具有较强的装饰性。图形和文字居中编排，给人专业、正式、严谨的视觉印象。

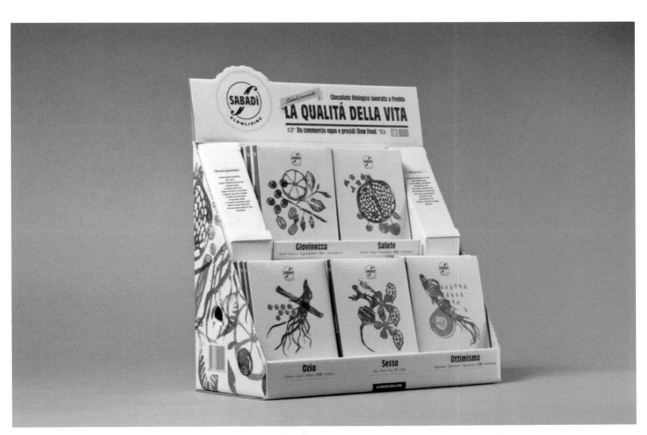

图 8-14　Sabadì — The Quality Of Life　Happycentro 包装设计（一）

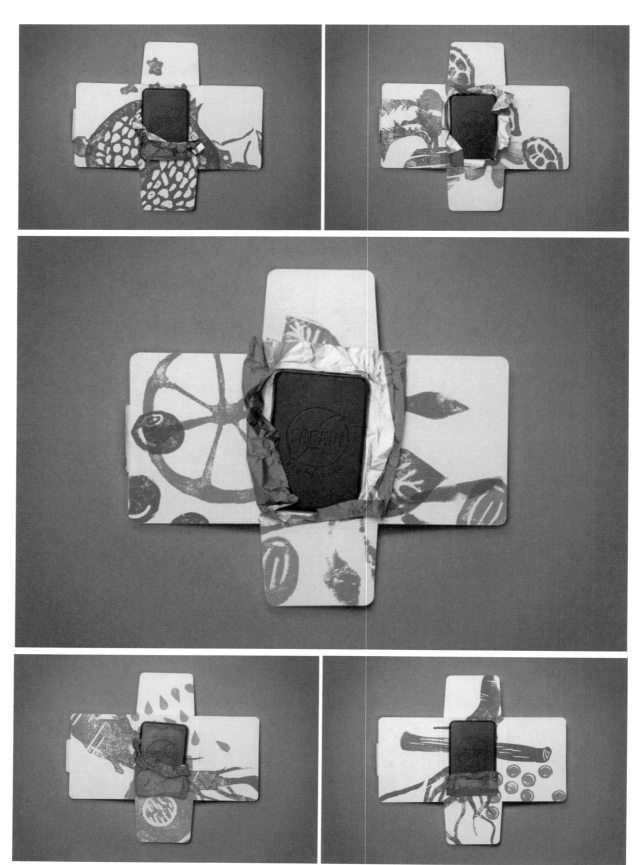

图 8-15　Sabadì — The Quality Of Life　Happycentro 包装设计（二）

　　如图 8-16 所示为 Genesis Crafty 品牌提升形象包装设计，该包装设计采用插画的形式，文字编排于图形之中，文字和卡通形象形成一个整体，增强版面整体感。色彩搭配醒目，对比强烈。版面编排给人亲切、生动、活泼的感觉。

图 8-16　Genesis Crafty 品牌提升形象包装

8.4　DM 单版式设计

如图 8-17 所示为 Leder Wimmer Booklet 折页设计，该折页设计采用插画的形式，外页采用单色处理，内页彩色图片的做旧处理与整体版面形成统一的色调。内容文字编排采用两端对齐的形式，规整严谨。版面整体编排给人自然质朴的印象。

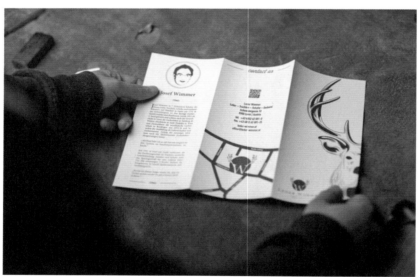

图 8-17　Leder Wimmer Booklet 折页设计

　　如图 8-18 所示为 Neff 产品画册设计，版面采用色块对版面进行分割装饰，色彩丰富，对比强烈，装饰图形多采用三角形及其拼接图形，增强画面动感因素，版面总体给人时尚、动感、活力四射的视觉印象。

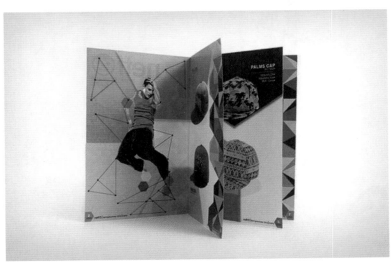

图 8-18　Neff 产品画册设计

如图 8-19 所示为 Nosive Strukture 公司卡片及折页设计，版面编排以图形为主，直观明了，内页以浅灰色为背景，简洁干净、主次分明、层次清楚。给人专业、严谨、可信赖的视觉效果。

图 8-19　Nosive Strukture 公司卡片及折页设计

8.5　招贴版式设计

　　如图 8-20 所示为 Vancouver Police Department 平面广告设计，该组广告设计采用标准式构图形式，图片、文字、图标居中排列，形象突出。图片形象采用插画的处理形式，增强版面艺术效果和形象感染力。图片占有版面较大的面积和重要的中心位置，主题突出，形象鲜明。每个图片形象充满故事情节性，给人生动、亲切、有趣的视觉感受。采用单冷色系和单暖色系的色彩搭配，体现版面的空间层次和明确的冷暖心理感受。

图 8-20　Vancouver Police Department 平面广告设计

　　如图 8-21 所示为 IPOP 系列立体字创意海报设计，该海报设计采用满版式构图形式，用满版式来充斥读者的视觉神经，充分发挥了图片的作用，表现力强且直观明了。版面中立体文字倾斜放置于跑道及石板路上，有较强的空间感和动感。运用版面中的主体线条引导视线，便于读者阅读。底部有说明性文字，具有稳定版面的作用。

图 8-21　IPOP 系列立体字创意海报设计

如图 8-22 所示为 2013 新北市夏日艺术节视觉设计方案（一），该组海报采用插画的形式编排，将儿童笔下的形象，以底纹的形式编排在版面当中，充满童真意味。采用单色蓝色编排，给人清凉的心理感受，符合夏日艺术节的设计主题。文字居中编排给人较为正式、庄重的印象。

图 8-22　2013 新北市夏日艺术节视觉设计方案（一）

如图 8-23 所示为 2013 新北市夏日艺术节视觉设计方案（二），该组海报采用儿童简笔画的形式编排，轻松、活泼、可爱，拉近了与观者的距离。采用缤纷的色彩，突显夏日多姿多彩的生活，符合夏日艺术节的设计主题。文字与图形的风格保持一致，主题文字与说明文字上下呼应。版面编排和谐统一，生动有趣。

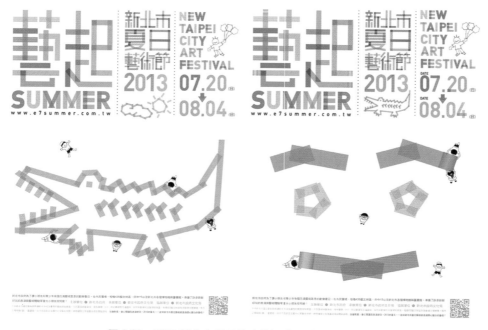

图 8-23　2013 新北市夏日艺术节视觉设计方案（二）

　　如图 8-24 所示为一组剧院海报设计，版面编排采用装饰性插画的表现形式，具有非写实性的绘画形式特点，其造型简洁、单纯，具有形式感，也有的插画造型怪异，富有儿童情趣。色彩鲜艳，对比强烈，具有较强的视觉冲击力。文字也选用装饰味较浓的字体，与插画的风格和谐统一。

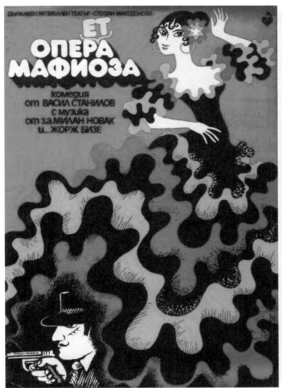

图 8-24　剧院海报设计

如图 8-25 所示为 Guimarães Jazz 2013 海报设计，该组海报设计采用抽象类插画的形式编排，主要以自由曲线构成的肌理来表现，形式感较强，给人自由奔放的心理感受。色彩选择较为醒目的黄色、黑色搭配，色彩单纯、对比强烈。

图 8-25　Guimarães Jazz 2013 海报设计

8.6　书籍版式设计

如图 8-26 所示为 Transworld Snow Features 书籍内页设计（一），该版面设计以图片为主，采用出血图片直观明了，具有较强的视觉冲击。两张图片并排在两个版面上，为使其增加联系性，对相应图片的色彩进行半透明延伸处理，使两张图片形成有机整体。文字编排采用两端对齐式，规整严谨。

图 8-26　Transworld Snow Features 书籍内页设计（一）

如图 8-27 所示为 Transworld Snow Features 书籍内页设计（二），该版面跨版编排，左边黑白图片满版编排直观明了，标题文字跨版编排使两版内容有机联系为一个整体。采用手写字体形式，增加洒脱、帅气、自由、随意之感。内容文字分两栏，采用两端对齐式，方便阅读。

图 8-27　Transworld Snow Features 书籍内页设计（二）

如图 8-28 所示为 Transworld Snow Features 书籍内页设计（三），该版面采用插画风格跨版编排，纯色的背景与黑白的文字及人物图形形成强烈对比，具有较强的层次感、空间感。标题文字极具装饰特色，字母人物化处理，使版面内容丰富、生动有趣。

图 8-28　Transworld Snow Features 书籍内页设计（三）

如图 8-29 所示为 Transworld Snow Features 书籍内页设计（四），该版面跨版编排，图片和文字倾斜处理，增强版面动感，图片采用单色处理与文字形成和谐统一的色调。版面编排新颖别致，时尚现代，突显个性。

图 8-29　Transworld Snow Features 书籍内页设计（四）

如图 8-30 所示为 Transworld Snow Features 书籍内页设计（五），该版面跨版编排，采用色块将版面分割成若干区域，使原本信息较多的版面井然有序。色块面积的不同变化，避免了呆板印象。标题文字放置于版面右下角，突出处理，设计较为别致。

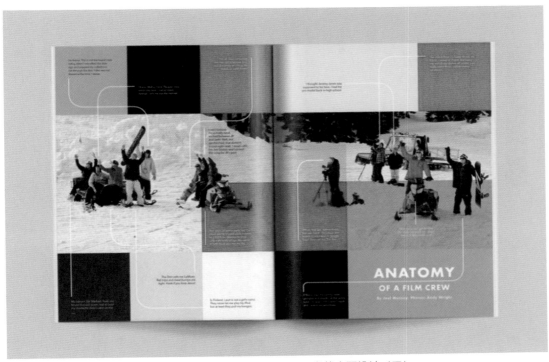

图 8-30　Transworld Snow Features 书籍内页设计（五）

如图 8-31 所示为 Transworld Snow Features 书籍内页设计（六），该版面跨版编排，色彩搭配选用明度较高的黄色和白色，色彩明快醒目。文字艺术化处理，极具创意。大面积的纯色空余，增强版面空间感。内容文字编排在右页下方与左页图形相呼应，使版面在视觉上达到平衡。

图 8-31　Transworld Snow Features 书籍内页设计（六）

如图8-32所示为Mohre, Huhnchen, Kuchenteig 书籍设计，该书籍为儿童读物，版面设计为插画风格，编排较为自由，色彩搭配鲜艳明快，配图生动有趣，符合儿童书籍的设计主题。

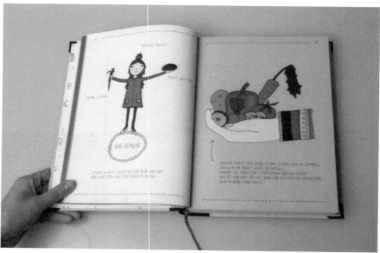

图 8-32　Mohre, Huhnchen, Kuchenteig 书籍设计

　　如图 8-33 和图 8-34 所示为 IKEA 宜家家居产品画册设计，该画册版面的构成要素主要以图片为主，简单大方、直观明了，符合家居类书籍的设计主题。封面设计采用标准式构图样式，满版编排，视觉冲击力较强。标题文字选用粗壮的外文，醒目突出。内页版面设计变化多样、层次丰富。构图样式采用自由式、满版式、网格式等。版面整体编排层次分明、条理清晰、风格统一。

图 8-33　IKEA 宜家家居产品画册设计（一）

图 8-33　IKEA 宜家家居产品画册设计（一）（续图）

图 8-33　IKEA 宜家家居产品画册设计（一）（续图）

图 8-34   IKEA 宜家家居产品画册设计（二）

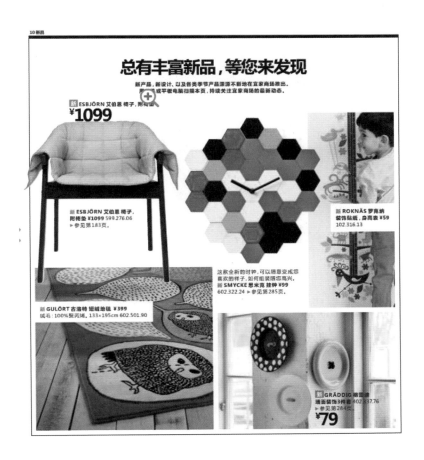

图 8-34　IKEA 宜家家居产品画册设计（二）（续图）

参考文献

[1]   ArtTone 视觉研究中心. 版式设计从入门到精通. 北京：中国青年出版社，2011.

[2]   张志颖. 版式设计. 北京：化学工业出版社，2009.

[3]   锐拓设计. 7 天精通版式设计. 北京：人民邮电出版社，2011.

[4]   日本 SE 编辑部. 新版式设计原理：13 位设计师亲授 160 条经验法则. 北京：中国青年出版社，2013.

[5]   （日）伊达千代，内腾孝彦. 版面设计的原理. 北京：中信出版社，2011.

[6]   张雨. 印刷工艺. 人民美术出版社，北京：2011.

[7]   康帆，辛艺华. 印刷工艺与设计. 武汉：武汉大学出版社，2012.

[8]   丘星星，王秀君. 印刷工艺实用教程. 北京：清华大学出版社，2010.

[9]   刘宗红. 书籍装帧设计. 合肥：合肥工业大学出版社，2009.

[10]   王同旭，冀德玉. 书籍装帧. 北京：中国林业出版社、北京希望电子出版社，2006.

[11]   杨敏. 版式设计. 重庆：西南师范大学出版社，2006.

[12]   （日）南云治嘉. 版式设计基础教程. 北京：中国青年出版社，2010.

[13]   ArtTone 视觉研究中心. 版式设计速查宝典. 北京：中国青年出版社，2011.

[14]   （美）金伯利·伊拉姆著. 网格系统与版式设计 Grid Systems. 王昊译. 上海：上海人民美术出版社，2013.

[15]   （英）戴维·达博纳. 英国版式设计教程. 上海：上海人民美术出版社，2014.

[16]   张萌. 版式设计. 北京：化学工业出版社，2013.

[17]   设计时代网 http:thinkdo3.com.

[18]   麦米网 http:www.magme.cn.